讓藝術
長出
商業的翅膀

如何用大藝術思考在充滿行程、預算限制和上司要求的世界裡擠出創意空間

艾美‧惠特克
Amy Whitaker

推薦序 藝術創新與商業發展

郭聰田

如果愛因斯坦不會拉小提琴，
他仍然會是如此偉大的科學家嗎？

愛因斯坦曾說：「如果我不是物理學家，大概會當音樂家。我常常用音樂思考，用音樂做白日夢，用音樂觀察我的人生…。我人生中大部分的喜樂都來自於音樂。」

多年來，我在外部演講時，經常會以一張愛因斯坦拉小提琴的照片開場，我總是問台下的聽眾，如果愛因斯坦不會拉小提琴，他應該仍然會是一位「偉大」的科學家，但他還會不會是大家公認「人類史上最偉大」的科學家呢？我想，答案是「不會」。

從愛因斯坦身上，我們看到了本書作者多次強調的——結合藝術家的心靈，讓人可以保留示弱的空間與承受失敗的能耐。正是藝術造就了無遠弗界的思考彈性和強韌的心靈，才讓愛因斯坦可以維持如此源源不絕的創意和高昂的工作熱情，直到76歲仍不鬆懈，並用更大的超脫和超越成為史上最偉大的科學家。

讓自由的心靈長出紀律的翅膀

作者在書中提到企業有兩種成長方式，一個是靠發明創新來啟動成長，另一個則是透過最有效率的生產擴張模式來創造成長。就我個人的企業經驗，我以為，對企業而言，創新不能只關注於產品的創意階段，必須能夠延伸到組織、制度、管理與領導的層面，才能展現出最重大的成果。但是最大的困難也就在其延伸的過程中，如何兼顧自由（創意）與紀律（管理）的和諧運作與發展；用作者的話來說，就是：「讓自由的心靈長出紀律（風險管控）的翅膀。」

本書作者巧妙的說明創意（泛稱為藝術）和企業組織（泛稱為商業）應該如何搭配，強調現代人應當如何在市場經濟的現實侷限內建立具原創性又有意義的人生。生活在現代社會，沒有人可以免於知識爆炸和市場經濟的影響，追求創新和市場經濟已成為我們生活的基本結構，幾乎人人都得參與其中。

人人都是藝術家，也是商人

我個人非常認同作者的論點：人人都是藝術家，也是商人；無論藝術家或商人，並沒有所謂市場外的空間，只能在市場內創

造空間。作者解析了從藝術心態到商業的各個步驟，精闢的說明了如何利用藝術思維過程來建立新創商業模式和管理架構，而從藝術心態轉入商業模式正是將個人的創新能力，經由組織運作的有效轉化以展現更大的成果。

誠如書中所強調的，這是一種以藝術心態，抱著面對不確定性的一種樂觀心態來建構並預留空間給結果難料、甚至可能失敗的探索，再加上實用的工具來支持藝術創造的過程。這樣的心態和行動，不論最終是否能夠找到答案，都能協助我們應付所有的弱點、失敗，讓自己可以不斷的前進，一如愛因斯坦。

聚和的理念和發展經驗

很多人問過我，為何聚和公司會在上班時間舉辦企業內部音樂會，不但邀請一流藝術家表演，還讓員工在正常上班時間參與？其實這樣的企業內部音樂會正好呼應了本書作者的主要論點。聚和提供對的環境鼓勵原創性創新和勇氣，容忍失敗，讓自由心靈和多元創意能蓬勃發展，同時公司也要求同仁高度的技術整合與團隊合作精神，成功地將個人的原始創意整合納入企業的運作與管理模式。

四十年來，聚和經由這個運作模式，有機式地發展出五個獨

立且各具特色的事業部：一、傳統民生產業用特殊化學品事業部；二、電子及生醫用精密化學品事業部；三、N次貼®可再貼產品事業部；四、生技新藥開發事業部；五、健康人生及居家用品事業部。以N次貼®和黃金盾®、無醛屋®等系列產品為例，員工多元的創意，透過公司組織全體的力量，將其具體呈現為多彩多姿的獨特商品，行銷全球市場，和廣大客戶進行互動，讓同仁可以感受到創意的成果，產生成就感，並且進一步體會到個人和公司存在的價值。

現代企業，單靠改善業務，降低成本，變革流程，是無法生存的，必須以主動出擊的創新思維，重新規劃大範圍的企業改革流程才行。正如同本書提倡的大藝術思考模式，企業必須先進行意識革新，把工作當作是一種創造性的經驗，進而激發出個人與組織更好的表現。期待大藝術式的思考，能為你我帶來大創意與大成功。

【郭聰田 聚和國際股份有限公司董事長】

目錄

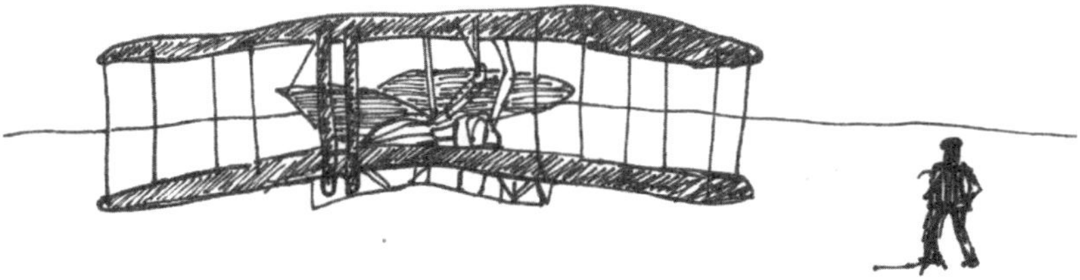

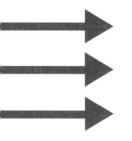

導 論
救人命 vs. 讓人命值得救

我只想鼓勵大家,不要等到完全認清楚狀況才動手。
大家應該從現有的方法與犯錯就開始。

　　——約瑟夫·波伊斯(Joseph Beuys),藝術家

在我的成長過程中，我並不完全理解工作是什麼。我爸媽對自己的工作有種幾近異常的熱情。老爸是神經科醫師，醉心工作到把他的 ATM 提款密碼設定成他「最喜愛酵素」的蛋白質序列。他每天不吃午餐，因為太耽誤時間了。老媽是中古史學家，念研究所時也是天天省下午餐時間以便仔細研究插畫古籍。

有人問過我爸，他和我媽的專業領域差這麼遠，如何能和我媽相處融洽。他說他的工作是拯救人命，而她則是讓人命值得救。他們職業上的差距沒有乍看之下這麼大。事實上，他們常常互換角色。爸爸幫別人處理強烈頭痛或因神經損傷難以預測，而害怕走路之類的生活品質問題；媽媽則教導別人如何寫出完整句子等基本生活技能。

「救人命相對於讓人命值得救」的概念描述了我爸媽職業類別的不同，也就是文學和科學，還有本書所謂的藝術和商業之間的大致關係。剛開始，一個看起來比較休閒、另一個有其必要性；一個具有想像力、另一個具有分析力——到後來很難分辨哪個是哪個。

2008 年 1 月 17 日，有個名叫約翰・科瓦（John Coward）的英航機師要把波音 777 客機降落在倫敦的希斯洛機場。飛機從中國飛回來已經滯空超過 10 小時，在航程的最後 2 分鐘，5000 哩路程的最後兩哩，引擎偏偏故障了。科瓦迅速與調整襟翼的機長合作，拉起飛機越過圍牆以機腹降落在草地上，結果

沒人受到重傷。

航空專家菲利浦‧巴特沃斯‧海斯敘述該事件時說，駕駛員面對的狀況是「沒有訓練過⋯⋯儀表也沒有任何幫助」。在未知的領域中，他們的表現既具有分析又有想像力。那架150公噸的飛機是科技的傑作，但要讓它平安落地必須協調飛行的物理學和比較人性的機智工具和瞬間反應。如同英國機師協會所說，包括疏散飛機的客艙人員等機組員，都是「普通人做了非凡的事」。

MFA（藝術碩士）就是新時代的 MBA（商管碩士）

就像許多專家爸媽的子女，兄弟姊妹和我都變成了通才。我哥變成營運長／財務長型的人，溫暖的冷面笑匠又隱約帶著軍人氣息。我姊進入行銷與業務發展。我變成通才型的人。上輩子我可能是科學家或蛋頭學者，但我卻變成藝術家，像個普通的 DIY 人生組裝者。

雖然爸媽的領域不同，我們全家都有長遠又潛在的新加爾文教徒工作倫理。我向來喜歡畫畫，但發現從事藝術很難服務大眾。即使有救人命 vs. 讓人命值得救的道德複雜性，如果民選官員必須決定把錢用在修馬路、癌症研究或藝術教育的優先順

序，不難想像何者會被排在第三順位。

我們很容易看出幫助病人與修理壞掉的東西的迫切需要。但長期而言，藝術不能缺少想像力，想像力又有助於癌症療法的創新。經濟成功才能修馬路，修馬路的背後也需要創意。馬路很有價值，可以抵達米色辦公小隔間以外的地方，讓人命值得救也有它自己的必要性。藝術和科學、休閒和工作、發明和執行都是同一個系統的一部分。

大學畢業後，我去藝術博物館工作，因為我認為那裡是集合想像力的公共圖書館。結果我發現原來他們的內部運作也必須講究經濟規則，所有我又去商學院進修，希望能成為博物館經理人。我的人生規畫在 2001 年的夏天，商學院畢業後粉碎。1 個月之內，爸爸猝逝，我原本的企業職位被取消，接著 911 事件發生。1 年後，我作了人生與職涯的重大決定，去報名倫敦史萊德藝術學院攻讀繪畫課程的藝術碩士（MFA）。

2004 年，我念完藝術學院那年，丹尼爾‧品克（職涯發展專家）在《哈佛商業評論》中宣稱 MFA 就是新時代的 MBA。詹姆士‧克拉瑪（市場評論員）也表示華爾街分析師應該去念藝術學位，以便能夠像偉大的現代主義者，搶先其他人發現被低估的 AT&T 股票。

藝術學院和商學院的文化差異大到好笑。商學院充滿了可

以同時套用在人口控制和牙膏行銷的空泛框架。我面試時穿的深藍色套裝看起來那麼呆板，我只好在衣領黏上塑膠的機翼，當成萬聖節服裝穿。

對比之下，藝術學院充斥著毫無模式與奇異的事件。有一天我爬上史雷德大樓宏偉古老的大理石階梯。平台上，有人放了根香蕉，上面寫著「請把我放進你的屁眼」。藝術學院裡唯一穿西裝的人是協力畫家尼克‧布朗，而且只有一次。因為他整晚在外面的搞笑脫衣舞店打混，隔天他穿著三件式條紋燕尾服直接進工作室畫畫。

2004 年後兼具 MFA 和 MBA 學位讓我顯得有點古怪，但令人驚訝的是，我發現創意和商業其實對我們所有人是那麼密不可分。

本書算是沉思錄、手冊、宣言和愛情故事，說明藝術（尤其是創意）和商業應該如何搭配，強調如何在市場經濟的現實侷限內建立原創性又有意義的人生。如何在有很現實又結構性的壓力下辦好事情、贏得讚賞與奉承，對最低限度成長作出貢獻的工作世界中，保留示弱的空間和失敗的可能性。

我不是以作為一個產業領袖來發表觀點，而是花了 10 幾年在藝術和商業這兩個很不同的領域中工作與遊玩，並且思考如何結合兩者的人。

說到底，商業代表力量，而藝術代表彈性。想當運動員，

做一個完整的人，你需要力量與活動範圍。當你決定結合藝術和商業，採發明與執行並重時，會有不同的問題和做法滋長，這也是我在本書後面會一一談到的。

藝術這個字

真要把藝術和商業相提並論，第一件事就是必須對藝術採取更多樣化、像瑞士小刀式的定義。

傳統而言，藝術代表繪畫或雕像之類的作品。最近這個字也包括人們在博物館或藝廊看不懂的高度概念性或「去技術化」作品。大家對藝術感到困惑並不是什麼新鮮事。1926 年，康斯坦汀‧布朗庫西（Constantin Brancusi）的雕像〈空間之鳥〉曾被海關攔截並標示為「廚具與醫療用品」。1974年，德國藝術家約瑟夫‧波伊斯（Joseph Beuys）──他曾因宣稱每個人都是藝術家而聞名──的作品是把自己和一隻活的土狼、羊毛毯、手杖與每天最新出刊的《華爾街日報》關在同一個房間裡。我們談的藝術範圍比較廣泛，但也不用把自己跟新聞及掠食動物關在一起。

德國哲學家馬丁‧海德格（Martin Heidegger）曾在 1947年題為〈藝術作品的起源〉的文章裡嘗試定義藝術的類型。海

德格從 1930 年到 1960 年不斷修改他的論點，定期重新發表，證明這件事有多困難。我傾向認為定義藝術實在太難了，海德格直到 1976 年過世才放棄為藝術定義。

借用海德格的定義：藝術作品就是改變世界去允許自身存在的新東西。

（你可以反覆暫停與閱讀此句，來模擬閱讀原版海德格文章的體驗。）

改變世界讓某些東西能夠存在

在進步的模式中，你不只靠贏得比賽前進，也要靠創造比賽。

在人生的任何領域製作藝術品，你不可能從一個已知的 A 點走到已知的 B 點，你必須發明 B 點。你是在創造新東西，不論是一個物體、一家公司、一個概念、你的人生都必須為它保留空間。在創造此空間的行為中，你也改變了世界，或大或小。

依此定義，藝術比較不像物品，而是一個探索的過程。其實，許多藝術界以外的東西都算藝術——電腦和 747 客機，反叛亂手冊和商業模式，為了發明花費的午後和生命。反過來說，藝術界裡的許多東西是高檔貨，是有品牌的量產商品，可以在藝術市場交易，它們夠有名又夠稀少，可以當成替代貨幣使用。

讓飛機離開地面

商業重視的是把物品定價並且搶先知道它們的價值。對藝術創作而言，當你想在人生任何領域發明 B 點，你無法在必須投入金錢、時間和精力的 A 點上預先知道結果。

這就是商業最矛盾的地方：當一個組織在巡航高度（飛行時最省油的狀態）運作時，經濟學的核心假設是效率、生產力和可知的價值，這三點最能發揮效益，但問題是它無法讓飛機離地。也就是說，商業的歷史也是跟著創造性、不預設結果的套路而發展，這也導致商業結構的困難。

創新向來是商業理論的一部分。1942 年，約瑟夫‧熊彼得（Joseph Schumpeter）發明「創造性破壞」一詞以描述對改變與重塑的恆久需要。熊彼得主張資本主義發展全靠改變；一直做同樣事情的企業終究會被市場淘汰。發明是生存的必需品，遵循模式而不發明新模式，只能讓你走一陣子。制定那些模式的人開始時並沒有模組。搞懂別人如何創立一家價值上億美元的公司，並不保證你也會得到同樣結果，力量會在拷貝中衰減。

改變與重塑對較長期的成功很重要。《經濟學人》雜誌計算經濟體成長的方式是追蹤投入 (勞力與資本) 與輸出的比例，稱為國內生產毛額（GDP）。非來自資本與勞力的 GDP 數量就歸類於創新。在美國與英國，這個未經解釋的數量占 GDP 的一

半以上。「簡單說，是創新讓世界運轉，超過資本與勞力的運用。」

另一個說法則是公司有兩種成長方式，一個是可以擴張到最有效率的生產程度而成長，另一個則是靠發明的煉金術獲得藝術性成長。

大頭針與鉛筆之謎

商業架構和不預設結果的過程可以用兩個東西來比喻，一個是大頭針，另一個則是鉛筆；前者重視效率，後者重視的是已知價值。兩者是會有摩擦的。

經濟學教父亞當·斯密在其 1776 年的著作《國富論》中，探訪一家大頭針工廠。他發現如果個別工人獨力製造整支大頭針，一天可以做 20 根，但如果 10 個人把製作過程分成 10 個步驟，平均每天每人做出 4800 根，也就是 240 倍。分工能幫你做得更快，但無法幫你做得更好，或學會如何從零開始做出大頭針，無論「大頭針」是指什麼東西。

鉛筆的故事則出自學者雷納德·瑞德（Leonard Read）寫於1958年的文章〈鉛筆自述〉，他從鉛筆的觀點，講述鉛筆如何被做出來的迷人過程，結論是沒有人能夠獨力做出鉛筆。我們可以引用米爾頓·傅利曼（Milton Friedman）在1980年的說法，唯有「價格制度的魔力」能讓所有參與者——伐木工、石墨礦工、燒窯工、漆匠等協力合作。

　　價格制度可行的理由是人們相信價格代表了價值。但如果你初次做某種東西，通常一開始無法事先知道其價值。

　　大頭針是關於深度的故事，如何把你唯一會做的事做得更快。鉛筆則是廣度的故事——如何和其他參與者協調，把你們各自完成的的小部分組合成整體。兩者合起來，描述了執行的效率和交易的可能性。然而，它們沒有描述起步的困難和發明B點必須嘗試的不確定性。

　　傳統定義上，藝術本身向來會干擾效率的概念。從攝影術發明後，繪畫根本就是一種自甘墮落的無效率行為。

　　資訊也改變了何謂有效率的意義。以成功的時裝品牌 Zara 來說，他們的經營方式是不讓同一工廠生產完所有產品，而是保留50％到85％的生產能力，以便隨時反應顧客喜好再生產。公司可從店面獲得回饋知道什麼賣得最好，用保留的生產力多生產一些暢銷貨。對 Zara 而言，效率變成次要的，企業如何協調複雜的系統變得跟快速生產東西一樣重要。

鉛筆和大頭針的故事可以引導我們從稀有資源中創造各種魔法形式的價值，否則它們可能像個強大壓力讓你埋頭製作你這部分的大頭針或鉛筆。大藝術思考則要扭轉鉛筆和大頭針的故事，讓你能保護與運用「以前」的狀態——鉛筆或大頭針發明之前的時代，或連華生和克里克都不懂什麼是 DNA 雙股螺旋、它為何重要的時代。維護這個思考空間是人性的過程，但令人意外的這也需要市場的工具。

大藝術思考的框架

　　大藝術思考是個保護我們有發問空間的習慣和框架。它會以完全架空但仍然務實的方式幫我們做大夢。它的重點在於建構並預留空間給結果難料、可能失敗的探索，不論你能不能找到答案，藉著提出宏觀、複雜又重要的問題讓你可以不斷前進，這也是面對不確定性的一種樂觀心態。

　　樂觀的心態將讓你看清楚自己的處境並且進步，你將克服辛苦無趣的過程，創造新的東西。大藝術思考也會採用企業經營的框架，善用風險、報酬、投資管理的工具。樂觀的心態和實用工具加起來可以支持藝術的創造過程，協助我們應付所有的弱點、失敗（我是指實際失敗的風險）、談判，以及因開放式的追尋生活所造成的意外。

本書下列各章節會從藝術心態到商業的各個步驟，加以追蹤說明：

1. 從廣角看：

將鏡頭拉遠，從寬廣的視野看一切。

經濟理論以基於物質的生產效率方式建構模型，但是人生其實是物質周圍的整個生態體系，工作和休閒不一定總是分得清清楚楚。就像心臟球囊導管（balloon catheter）發明人湯瑪斯・佛加提（Thomas Fogarty）的例子，突破性的點子可能來自生活中任何地方。你必須培養我稱為「工作室時間」（studio time）的習慣，在生活環境中預留空間。說來矛盾，為了完全得到這些好處，你可能必須放寬對完成目標和效率的堅持，甚至感覺自己好像在浪費時間。

2. 在草叢中：

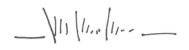

把你的焦點從結果轉到過程，別把進行中的工作和別人的成果比較。

哈波‧李（Harper Lee）的書《梅岡城故事》（*To Kill a Mockingbird*）完成之後，狂賣4千萬冊，贏得普立茲獎，又改編成電影，由葛利哥萊‧畢克主演。其實，在寫作過程中，哈波‧李在航空公司當了很多年訂位員，而且照她的說法，她坐在書桌前磨破了三件牛仔褲。

當我們看到別人的創意計畫，總是事後從外表去看；看自己的東西，則是在雜草般的過程中從內心深處看。要破除這個偏見，必須改變評斷方式，採用新的工具來對待還沒抵達目標的弱點。

3. 走向燈塔：

不以結果為目標，改問指引你前進目標的問題。

在現實創作過程中，燈塔導航的目的不是前往對策，而是來自提問。疑問變成了指引你前進你的 B 點的燈塔；疑問可能出自常見的「可能做到嗎？」，就像羅傑‧班尼斯特（Roger Bannister）第一次在4分鐘內跑完一哩的感覺，它也可能出自你的組織目標、你自己的專長或你人生的尋常經驗。

在電影裡，推動劇情進展的疑問比故事線本身還深刻。在寫劇本的術語中，這叫做MDQ，亦即「重大戲劇性問題」（major dramatic question）。你的燈塔問題要有深刻的本質，它連結你的真實自我與外界的環境，推動你人生的劇情前進。

4. 造一艘船：

 **採取投資組合觀點並且擁有你創作物的潛在利益，以管理風險。**

即使有了指引方向的疑問，你仍必須面對風險，投資時間和資源去探索任何事。你如何作那些決定？在此，你需要市場的工具。你必須以針對燈塔的各項計畫的投資組合方式思考。短期而言，一個領域的收入可以支撐另一領域的投資。較長期而言，各項計畫就像多樣化的投資組合一樣運作，用某方面的收穫平衡另一方面的損失。

如同許多藝術家，無論是個人或公司，初期階段可能必須自籌資金，讓某些東西動起來。要獲取這些收入，你必須對你的創作物擁有某種形式的股權。

收入規畫很重要，因為在創意作品的案例中，風險通常就等同失敗，但失敗只是風險的一種。真正的風險管理也表示要

妥善規劃成功的可能性。為了管理負面風險,你必須平衡最不確定的計畫與其他有穩定收入的領域。為了管理正面風險,你必須重組你的收入方式,納入所有權股份。

其實,大多數產業建構所有權的方式都已經過時。除了收取版稅的音樂家、作家與發股票的企業家,許多人並不擁有他們創作之物的一部分。擁有股票比較容易分配尚未明朗的價值。科技已經讓管理複雜零碎的股權比以往簡單多了。

5. 加入戰局:

分派角色並採用對話工具,以設定組織文化並管理計畫。

想讓大藝術思考的心態在組織化背景中蓬勃發展,必須創造一個對創意工作有益的環境。經理人會變得比較像藝術學院老師或嚮導,就像皮克斯動畫這種特別成功的公司,有我所謂的同僚兼朋友,大家了解你的專長,但也具有友誼的包容性。

你們的合作中,可以指定特定角色,幫助協調創作的理想主義和執行面的務實。從電影業界出來的製作人,可以把概念帶進市場的平行創作過程。還有,採用電腦工程師使用的專案

管理工具，可以針對開放式結果的燈塔問題去任命角色、定義
進度表、建構較大規模的工作流程。

6. 搭建房子：

**建立在資本主義侷限內可運作的藝術性商
業模式。**

　　無論是蓋一棟房屋、吃一頓飯、買一副眼鏡、做一份諮詢報
告或接受大學教育，任何事都有成本結構。市場供給由多項固定
與變動成本構成。固定成本就是像工廠租金等，無論你生產多少
副眼鏡，短期內不會改變的；變動成本就是樹脂框或金屬鉸練那
些會隨產量改變的。固定與變動成本加起來形成了商業模式的內
在骨架。生意賺到的錢必須足夠支付成本結構，不然就會倒閉。

　　固定與變動成本的特定連結方式可顯示商業的不同種
類——包括我們這時代很獨特的一些商業模式的有趣格式。設
計商業模式在某方面很藝術，超出了成本結構的現實機制。商
業模式的建立者儼然是企業裡的藝術家。

7. 綜觀全局：

 **通盤考量組織與不同領域的複雜性，以克服眼前的大問題。**

　　在很多複雜的計畫中，藝術家代表的是超過一人的團隊。如何創造出溝通協調許多通才意見的通才？大學就是這種整合不同學科思考最好的實驗室——不論是解決環境或學貸債務、工作生涯的架構或經濟體本身的設計問題，都需要這種整合力。你在任何領域都需要有自己獨立的角色和象徵意義，即使你無法回答，也要培養正確發問的技巧。

人人都是藝術家，也是商人

　　無論藝術家或商人，並沒有所謂市場外的空間，只能在市場內創造空間。

　　對我們所有人而言，市場經濟是我們生活的基本結構，每個人幾乎都得參與其中。人們工作，領薪水、做生意、納稅、購物、投資、募款，有時候也暗自希望致富。醫師們精通保險給付申請表，教師們管理購書預算，藝術家們另有正職。學生們負債，反市場人士擁有 iPhone，連蒙大拿州住在帳篷裡的屯

墾者也得買膠帶。

　　人們每天嘗試做出東西，開創事物，克服各種無形的困難，把新東西帶入這世界。傳統觀念的經濟針對獲利畫出單一向量系統，但市場是個更寬廣、更有彈性的工具。它還是能為新創事物的初階段保留空間，所以把作品展示出來，一步一步走進你自己設計的未來吧。

藝術、設計和創意

　　大藝術思考與設計思考在某些部分有點雷同。例如：推廣設計產品以成為解決問題的工具的過程，就有些類似性。藝術和設計之間的差別則有點學術性，尤其在概念性與推測性設計的領域蓬勃發展時，產品設計的源頭來自外部需要，他們會要求「把產品做到最好的方法是什麼」？——而大藝術思考則會從個人的內心深處問：「這有可能做到嗎？」

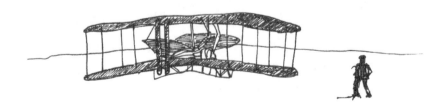

設計思考重視與用戶的同理心，以及可快速生產的基本款，以便能建造更好的飛機。大藝術思考就像萊特兄弟在飛機墜毀後卻仍然相信有可能飛行一樣。

如何定義藝術，不在於 B 點的大小或重量，不論是小石頭輕輕彈過湖面，或巨響如雷的砲彈。創意大師兼《心流與創意》作者米哈里‧齊克森米哈里（Mihaly Csikszentmihalyi）提出了「大 C」大創意和「小 c」小創意之間的差別——宛如米開朗基羅的偉大作品，之於普通人精心製作的萬聖節服裝。

不過我們不是要講這種區別。大 C 和小 c 創意各自分立的概念，延續了藝術家必定是天才的刻板印象。這給了人們太多人云亦云的臆測空間。齊克森米哈里形容小 c 創意的方式——「只因為我們有心智也能思考，所以人人都有的那種」——也描述了所有創意作品來源的基礎。

如果你要真正重塑某種東西，剛開始可能不知道會是大 C 等級的突破。連星巴克公司起步時都只是小 c 咖啡店——1971 年不過是在華盛頓州西雅圖派克市場附近的小店。拚命嘗試大 C 創意可能破壞探索的過程，可能讓你想要直接跳到結尾。作為過程的創意只對當下這一刻有意義。

本書所提到的人物，包括作家、思想家、我的父母、教師、企業家、科學家、製片人及現役藝術家等，都在市場經濟下找到

了設計出自己的創意生活和完整組織。相對於大家對藝術天才的迷思，他們的人生顯示了不斷的失敗，有其他領域的天份卻從小處起步耗費多年時間才成功的實例，他們的商業運作模式則顯示挨餓藝術家的機智，以及人人都可能貢獻有價值事物的信念。

縱貫本書，我用「商業」一詞泛指經濟體中的組織形式，無論是家戶或非營利者，小公司或跨國企業。我用「藝術」一詞指人類的探索和原創能力，以自己獨特方式思考與製造的能力。我刻意用「藝術」一詞，而不用「創意」等比較廣泛的東西，是因為我想從藝術界借來這種比較老派的人文內涵。我也使用「工作」一詞，廣義地描述從事任何勞動的人，無論有償無償，公開或私下。

在我的人生中，我是全職工作時寫出這本書，我主要的工作是教導商業知識給藝術家、設計師和藝術管理人。我的工作環境也同樣會面臨職場政治和人際複雜性，跟其他人的辦公室沒有兩樣。我體驗過愛與失落，有高潮有低潮；我會努力把空調裝到窗戶上，付帳單，在網路上瘋狂追劇，同時努力在世界上扮演一個人。我希望這一切讓我成為比較誠實的嚮導。本書中列出的問題你不一定要回答，只需反省或練習。

很矛盾地，大藝術思考的優勢在於你無法控制任何努力的結果，而且可能失敗。聽起來或許令人洩氣，但在許多情況下，允許嘗試並且失敗才能讓你提出真正重要的問題。借用設計師

卓爾‧班什崔特（Dror Benshetrit）的說法，這可引發你「發現自己的真實」。我發現最鼓舞的是，最佳情況下，符合拉丁文片語「ars longa,vita brevis」，意為「藝術長久，人生短暫」的那種創意工作來自人性與特殊核心。你越忠於自己，越有機會作出貢獻，創造自己的人生與工作。

基本的現實是，我們大多數人需要薪水，都有個老闆，常感覺度日如年，只有週五因為快放假了才日子有所不同。不過，即使在例行公事和責任的世界中，人人都能用這套藝術思考的工具來建立新創商業模式和管理架構，快樂消磨午後和有意義的人生。從「欸，這是我做的！」的日常驚喜開始——無論是做一頓晚餐，完成一份協議內容或做一組書檔板，可以擴張為完成最大的畫布。我們創造我們的人生，建立我們的職場，設計我們的社會，打造我們的世界。大藝術思考是過程，而商業是媒介。

達文西會做什麼？

李奧納多‧達文西被視為史上最偉大的藝術家之一，配得上「天才」標籤的人。他是藝術家，但也是植物學家、軍事工程師、建築師與科學家。他博學多聞。他的腦子是一所包括所有科系的大學。我經常猜想如果李奧納多‧達文西活在現代會做什麼。他會穿平價球鞋站在藝術學院外面抽菸，還是穿黑色高領毛衣站在舞台上推銷史上第一支 iPhone？

最近我聽過最令人滿意的答案，來自視覺藝術學院的攝影師兼教授法蘭克‧維塔爾（Frank Vitale），他只說達文西會想要搞懂某種東西。藝術家都有探索靈感的過程，有時候自己會做作品，有時候不會。就這點來說，我們每個人都有一部分是藝術家。

但是想像達文西如果在現代生活，一定特別困難；有兩個主要原因，跟教育和經濟學有關。

現在要當個通才比較困難。教育路線變得越來越特殊化，

同時資訊量激增。在文藝復興時期，達文西可以嘗試學習一切，同時具備獨特的植物學家兼軍事工程師頭銜。

達文西有金主。但現在，通常你必須自己先投資某東西去證明那個概念。我們已經視為理所當然的無數組織一開始都是自我投資的。

達文西的故事凸顯的是，現在我們必須事先設計出創意流程系統以協調許多跨領域知識，還有管理創意工作中財務風險的新方法。

達文西擁有我們罕見的優勢，但我們都可以試著複製：我們不必什麼都懂，可以想像能夠詢問任何事情並且對萬事萬物保持好奇心。我們可以在任何領域質疑並且對話。

我們不需要模仿創意天才，我們必須找到真實的自己。與其塞進既有的類型和標籤，我們可以用自己的話形容自己，完全擁有特定的跨領域知識。我們可以是訂製的通才，設計我們自己的特色。

我們不必像達文西捏著帽子去找義大利豪門或法國國王當金主，我們可以設計像授權、版稅和股權等比較另類的籌資方式，在完整價值被充分了解之前，更妥善支援探索工作。

我們不必向其他人裝出天才的表象。反而，我們必須對自

己的進度誠實透明。當你欣賞一個完成的作品——一部電影、一首歌甚至一場 PowerPoint 簡報，很容易忽略它一路走來的困難。完成品修飾掉藝術家苦撐的現實和讓它完成的意外，這種忽略會造成傷害，讓我們更難起步。

毫無疑問，會有幾位現代的達文西，輕鬆優雅地站在天才的高位上。只不過，世界經常是被不優雅、誠懇、古怪、遲緩、寡言、地域性、意想不到、無效率和令人跌破眼鏡的人推動前進。作為一個國家，這種混雜集合體比任何一位神奇的達文西更能推動社會前進，並為個人創造意義，為組織創造價值。為這過程找出空間，就能允許美好的計畫或整個企業，變成看起來稍微難看、害羞和青澀的未完成品。

英國作家吉伯特‧切斯特頓（G. K. Chesterton）說過，「我們因為想要一個奇蹟，而非想要很多奇蹟才衰亡。」雷納德‧瑞德在他的市場故事〈鉛筆自述〉開頭引述了切斯特頓的話。這世界在市場內外都充滿了奇蹟。這種「有可能的感覺」不會屈服在只專注工作的你，而是要你專注在人生的廣大生態系——然後找出能推動你前進的問題。

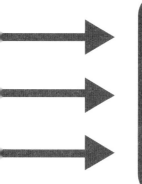

第一章
從廣角看

從寬廣的角度看世界，找出生活中可以被保護的私人空間與時間，供你遊戲探索。

身為人類應該能夠換尿布、策劃進攻、殺豬、駕船、設計建築物、寫十四行詩、維持收支平衡、築牆、接骨、安慰臨死者、接受命令、下命令、與人合作、單獨行動、解方程式、分析新問題、鏟肥料、寫電腦程式、煮出好吃的餐點、有效率地戰鬥、英勇地死去。特化是昆蟲做的事。

——羅伯特·海萊因，《足夠時間去愛》
（*Time Enough for Love*），1973 年

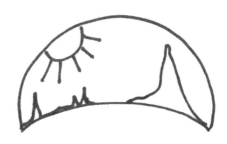

乍見發明醫療器材球囊導管的心臟外科醫師湯瑪斯·佛加提（Thomas Fogarty），他會彆扭地眨眼，他從 1978 年就在北加州擁有一座酒莊，自然具有一種酒莊主人的和藹氣息。他不是那種看來每天早上跑 10 哩路，格外健康又不像凡人的健壯外科醫師。他講話時有強調 A 音的俄亥俄腔，語氣像紐約地鐵的街頭鼓樂師一樣簡潔有力，讓他說的許多話聽起來都像關鍵句。

這很合理——佛加提醫師是個簡潔的人。他有孩童般洞悉事物本質的能力同時也致力於改良的能力，能夠觀察從單一裝置到現代醫學中廣泛的設計挑戰。他講話像個醫師，是會用別人說「我要去店裡買橘子」的平淡語氣說出「他死於直腸癌」的少數人。他不是沒感情；佛加提讀小學時，他的父親就是那樣過世的。他已經目睹過父親被抓去療養院，套上拘束衣，當時佛加提才 5 歲。

佛加提醫師是少年得志者的地下菁英俱樂部一員，他不是一擊決勝的美式足球隊長，而是調皮搗蛋的機靈小孩，他所發明的醫療器材打開了非侵入式心血管手術的世界，至今仍每年拯救 310 萬條人命。佛加提的故事來自我稱之為「完整人生」（whole life）的方法。

　　他的洞察力不是來自區隔工作與休閒時間，而是結合兩者的廣角視野。

　　在 40 到 50 年代成長的佛加提從未惹出大麻煩，但他自稱是沒事做就需要人看管的不良少年。老師不注意時，他會跳窗逃學去飛餌釣魚。老師不知道他去哪裡時，會打電話到他母親上班的地方，她在乾洗店工作養活三個小孩，佛加提說那裡是「不折不扣的血汗工廠」。於是，八年級時佛加提就在俄州辛辛那提的醫院找了個工作，去那裡工作的唯一理由是醫院不受童工法律管制，那時他才 13 歲。

　　佛加提剛開始在中央供應處洗碗盤，清理洗胃唧筒，一小時掙 18 美分。清潔工作辛苦到讓他發明了一種新洗碗劑，用環保香皂、乙醚和烘焙蘇打粉製成，可節省一半時間。他的醫院生活多半在中央供應處度過，這也提供了佛加提的圖表式大腦，建立多種可用方式的腦內百科全書的機會，他想像用於胃臟療程的特殊形狀剪刀如果縮小比例稍微改變角度，可以用於眼睛手術。佛加提擅長觀察，所以醫師們讓他參與很多事情，到他

15 歲時已經看過兩次屍體解剖了。「有很多事情是在無意中學到的，觀察一下就會大吃一驚。」

佛加提已經具備統合心智力（the synthesizing mind），也對缺乏行動失去耐心，他想做點事情。15 歲左右，佛加提成為名叫傑克·克蘭里的外科醫師的清潔技師——亦即手術室裡的助手。克蘭里醫師有 10 個子女，佛加提幾乎變成他第 11 個小孩。克蘭里醫師的手術工作流程之一是去除血栓。為了取出血栓，外科醫師必須切開整段堵塞的血管。有時候病人會死亡或被迫截肢。治好的人胸口或腿上也經常有長疤痕。「他們動手術會花 8 小時左右，然後過一兩天，病人必須回到手術室，把他的腿砍掉。反覆目睹之後，你會想：『一定有比這更好的辦法。』」

佛加提向來是個發明者和企業家。小時候，他做的肥皂箱汽車和模型飛機好到可以賣給鄰居。他買模型飛機材料只花 18 美分，完成品賣給別的小孩可以賣 7、8 塊錢。他是母親的私人巧匠，她要修什麼都找他。

佛加提甚至在主要修理速克達的機車行打工。速克達的手動換檔在低速檔時有個毛病：「如果要爬坡，你會向前衝然後突然摔到地上，車子暴衝到你前方 10 碼。我的想法是去改善傳動系統……」佛加提和朋友發明了今日仍廣泛使用的離心式離合器的前身。他們無法靠發明賺錢，因為車行老闆宣稱他們的智慧財產是「店家權利」，佛加提記取了教訓（後來，他的恩

師克蘭里醫師勸他去找個智財權律師，他照做了）。血栓問題比從機車一屁股摔到地上嚴重多了。克蘭里醫師鼓勵佛加提找出更好的對策，於是清潔技師開始作實驗。他的材料是導尿管——像縮小版澆花水管的塑膠管子，與五號乳膠手套的小指部分。

他想要做出的器材在壓縮狀態下可以穿過血栓堵塞的血管，然後擴張把血栓推開，透過小得多的單一切口把它取出來。「我想我試過兩、三種無效的東西，但一想到這個點子，很顯然會行得通。」

到1959年，佛加提讀醫學院四年級時還在閣樓上研製球囊導管，那時他剛決定要當心臟外科醫師（照他的解釋：「『心臟科醫師』現在當然工作很多，但當年他們只是看心電圖宣告某人死亡而已。」）。

他想像球囊導管看起來會是怎樣，但他的關鍵挑戰是50年代末期到60年代初期沒有能黏合乳膠和塑膠的黏膠。佛加提的

突破是把它綁在一起——用他翹課時學到的飛餌釣魚線結。「我總是綁蒼蠅當作誘餌，讓它看起來自然些。」原來這個至今仍使用中的醫療器材的誕生，不是因為醫生的特殊專長或大型藥廠實驗室，而是有個像《頑童歷險記》主角的人翹課釣魚，從釣魚餌跳躍到導管設計上黏合的問題，發揮想像力終於創造了球囊導管。這導管自引進以來已經救了兩千多萬條人命或四肢。

所謂完整人生的概念，是指工作和休閒未必總是分開，是「必要」與「想要」有時候會重疊，是「整體」得仰賴「部分」的成功——針對進步的途徑和創意工作的習慣，則採取開放的態度，把你的人生想成一個完整生態體系就是第一步。

物體與環境

2005 年在凱尼恩學院的畢業典禮演講時，作家大衛・佛斯特・華勒斯（David Foster Wallace）講了個和魚有關的故事：

有兩條小魚在一起游泳，碰巧遇到一條老魚從對面游過來，老魚向他們點頭說：「早啊，小子們，水況還好嗎？」兩條小魚繼續游了一下，然後有條小魚轉過頭問同伴說：「水是什麼玩意？」

經濟學假設出一個可獲利產品的世界。那是魚的世界，不是水的世界。完整人生的思考把世界模型視為完整系統，把所有水中生物都納入計算。「魚」可以是任何東西，報告書、號碼、一個人或一項產品——單獨來看，它彷彿漂浮在你人生的綠幕上。這種基於物體的思考可能導致不同面向的人為區隔，可能讓你過早判斷什麼重要或不重要，錯過了問題對策從生活的另一個區域整個冒出來的時機。

在 2003 年的著作《思維的疆域》（*The Geography of Thought*）中，社會心理學家理查・尼茲彼（Richard Nisbett）回想他研究所學生增田貴彥（Takahiko Masuda）的研究動機。增田是 6 呎 2 吋高的足球員，從日本老家直接來到密西根大學，初次加入前十大比賽時非常興奮，在安娜堡巨大的體育場上，增田卻被他認知中身邊眾人的粗魯行為大為震撼。他在日本被教導「注意背

後」——留意他在空間中的位置如何影響別人。但在密西根，球迷們在他前面站起來，毫不在意擋到了他的視線。增田因而設計了一個實驗，看他能否找出東西方的文化差異。

增田假設東方和西方觀眾只是對世界的認知不同。東方觀點重視留意別人和情境變化的某種廣角鏡頭；西方觀點則專注在參與者本身的某種專注視野，把情境視為不變。為了測試此項假設，增田招募兩群學生，一邊來自密西根大學，另一邊來自京都大學。他製作八個有水中生物的動態場景，各有20秒——充滿了魚、植物、岩石和氣泡。

每個場景中，至少有一種「焦點」魚在螢幕上顯得比別的較大、較亮、較快也比較鮮艷。增田讓每個受測者觀看兩次之後，要求他們描述看到了什麼。美國和日本學生都看到焦點魚，提起的次數大致相等。但是日本觀察者提到焦點魚和背景元素關係的次數卻加倍，事實上他們提到背景元素的頻率，比美國同學高出60％。美國人從焦點魚開始敘述的機率是日本的三倍：「有一隻大魚，或許是鱒魚，游到左邊去了。」日本人比較傾向從描述整體環境開始：「看起來像個池塘。」

在以物體為基礎的世界中，如果你看到水面下的海洋圖片，可能指出一條魚、海葵或鯊魚。在以環境為基礎的世界中，你可能描述整個海洋。專著於單一產品的獲利性會找尋唯一的焦點「魚」。但注重永續性和整體健康則會顧及整個環境。創意通常也是如此。

包容各種可能性的廣角視野也許比只看魚缺乏分析效率，牢記全局需要精力。其實，在管理顧問的術語中，「煮海」（boiling the ocean）一詞即是採取無效率、無焦點方法的貶意代號。水很重要；沒有水，魚就會死。但是不去看魚，在答案驅動和結果導向、把80／20法則奉為圭臬的文化中，可能會感覺冒險又失焦。80／20法則出自維爾弗雷德・帕列托（Vilfredo Pareto，義大利經濟學家）在1906年所做的觀察。他注意到義大利有80％的土地由20％的人口擁有，把帕列托原理推廣開來，就是80％的收入來自20％的努力。這個聚焦在20％工作可

能產出80％收入的觀念，造成了保持專注的壓力。「煮海」是逆轉80／20法則的一種方式，有時候改變世界的重要工作，就潛藏在起初看似無效率的部分。80／20法則幫助我們在已知的世界裡妥善運行，但也較難看見垂手可得的效率框架之外，在湖裡而不在魚身上的巨大機會。

像佛加提的人生，科學上的突破來自他年輕時的閒暇片段，提醒我們一個人的完整人生有多重要。我們很難認定工作比休閒重要，延伸到科學比藝術重要，或短期獲利比起初可能顯得有去無回的長期投資重要。一切都是有關聯的。如同尼茲彼指出，「學校」一詞來自「休閒」的希臘文「schole」，古雅典的商人認為學校是培養孩子們好奇心的地方。

進入成年生活越久，越難有機會放縱你的單純好奇心——在水裡游來游去不急著去哪裡。也越沒必要精通真正的新事物——回想過程有多麼辛苦無趣，但是你能學習得多快。在人生的任何領域創作藝術，可能就是這個感覺。問題在於如何起步，你如何設定一個最終包括績效評估、和其他部門或人員合作、與結構性目標協調的過程？如果把人生看成有山、有谷、有湖、有城鎮的景觀，工具就來自於看出局部與局部間的關係。完整人生的思考首先要會管理好時間與精力，然後在其中擠出空間，以供我們精神、肉體和管理方面建立探索、觀察和發現的機會。最終，我們的人生就會充滿了藝術性成分。

體力與時間的管理

在 2003 年的著作《用對能量，你就不會累》（*The Power of Full Engagement*）中，吉姆・洛爾（Jim Loehr）和東尼・舒瓦茲（Tony Schwartz）提出了思考比較個人化完整人生的觀點。他們主張我們的人生就是不斷地管理時間與精力的系統。他們推論人類大致有四種精力——心靈的、情感的、思考的和身體的。

根據洛爾和舒瓦茲的說法，大多數人頂多用到兩種。我們缺乏有效管制的個人生態體系。當工作和健身時，我們可能用到思考和身體方面的精力。教養小孩時可能消耗較多情感與身體的精力。坐辦公桌的員工消耗過多的思考，比較不會用到身體的精力，諸如此類。洛爾和舒瓦茲的研究，源自於對菁英網球員的研究。他們好奇為什麼有些球員稱霸世界級賽事，而其他技巧未必較差的球員卻打不贏。菁英的特點是什麼？洛爾和舒瓦茲在選手打球時，為他們接上監視腦波的心電圖。網球比賽，依規則來看可能會打個沒完，但這倒提供了特別深入研究體能的機會。

洛爾和舒瓦茲的發現令人驚訝，但是卻有其一致性。菁英選手的成功，是因為他們培養出休息的方法。他們的休息法不是乾脆停下來不打球，而是切換。他們進行一些儀式，可以把他們拉進另一種精力的形式。球員每次發球時，會用很特殊的

球拍擊球方式，選手們已經培養出將這些動作結合成一套整體的活動——打球的高度專注和習慣化的儀式。洛爾和舒瓦茲認為，這種模式也可延伸至我們所有人。我們不需要完整的休息時間，我們需要的是如何切換出來，從某項活動中暫停。

洛爾和舒瓦茲開始當身心顧問，幫人們重新設計生活以平衡不同形式的精力。像有位女士整天工作而忽略了肢體活動，他們不是叫她每週上兩次健身房，而是替她找個特定課程，要她把每週二和週四的課變成一種必要的儀式。她的精力生態體系像一種微氣候，由儀式和習慣構成。她不必勉強上健身房，儀式就會拉著她。

你也可以花點時間思考自己的生活和你最常消耗的精力。你可以在心中默想或實際行動，先拿張紙畫出四個象限，各自標示為心靈、情感、思考和身體。你開始看見不同活動間的關係，然後用箭頭連接搭配良好、能互相提供某種積極復原的活動。你甚至可以加入從未嘗試，但似乎能調和陰陽和更新現狀的活動。

對佛加提而言，在手術室裡和血栓病人相處的時間有強大的感染能量，造成相對於佛加提樂觀人格的悲觀面，促使他到閣樓去搞發明。對我們來說，祕訣就是設計我們生態體系的整體構成，妥善搭配和結合各種活動以盡量保持精力。一旦做到，我們就可以在行事曆中創造一種空間的黑箱，一種受保護時空或儀式，不必期待任何結果又可以放心去探索。

形體 / 背景

　　在藝術所構成的語言中，從物體切換到生態體系的所有形式重點都跟形體（figure）和背景（ground）有關。熟悉這些工具，將有助於建立你的生活框架和工作計畫。

　　當你在紙上畫一個花瓶，就可以了解什麼是形體和背景。形體就是你畫出來的任何物體，也就是花瓶。背景則是它周圍的空間，也就是花瓶的後面。形體就是物體，形體和背景一起創造了整體構圖。成功的構圖中，會讓你的目光進入一個地方然後再到處移動。這樣的構圖有用，是因為它具有焦點區，也能和其他部分保持和諧。相對的，如果一幅畫「全都差不多」——每部份都用相同方式單調地呼喚你注意，你的眼睛就會疲勞，沒辦法全部看進去。

之所以要區分形體與背景，是因為它可以幫你平衡廣角視野和必須專注、挑重點的現實。其次，允許你在自己的生活中保留幾塊空白——即為故意留作背景的地方。

優先順序和留白，這些構圖工具也可以讓你接觸到 80 ／ 20 法則中更多優雅和想像的形式：你會清楚效率的重要性，但不受它限制。你可以選擇何時該專注，何時該保留給自己更多的空間。

李奧納多·達文西之所以能成為形體與背景關係的大師，就是因為他對於背景更有興趣。在文藝復興時代的許多畫像中，背景——肖像主體後面的地方——是看到某種景觀的窗戶。達文西繪畫中的地景和肖像中的背景，反映出他對大自然的詳細研究。

能夠注意到景觀是一項突破。一般公認，物體周圍的空間跟物體本身一樣重要，可惜我們許多人在日常生活中很少注意或視若無睹，背景與形體是整合的。1503 或 1504 年，達文西創作蒙娜麗莎時，他寫道：「在我們置身的繁多物體間，最重要的是讓空白存在。」

達文西的觀察，其實暗示對人生採取廣角視野可能很難。以我為例，我的人生景觀非常擁擠，需要經常練習。尤其是特別只從物體為主的觀點來看，結果可能陷入只有物體沒有背景的空間。但就像上面這幅圖一樣，你看到的空間幾乎都被占滿，花瓶不是放在桌上，而是擠在一大堆花瓶之中。

　　以充滿摩天樓和建築物的紐約市來說，全是形體而沒有背景。即使有些看似空曠的土地，通常也屬私人所有，它成為公園的真正理由是某政府單位允許開發商稍後在旁邊建造更高、更好賺的大樓而留下這塊綠地（容積率獎勵）。在曼哈頓，連現有建築上方的空間權都有物主。這個城市歡迎不斷創造或垂直增加可用的空間。曼哈頓的腳步形同一份沒有暫停休息的行程表，會議一個接一個、即使取消也有別的計畫在等著補上。一邊走到地鐵站也是邊查看email。對我們許多人，人生全是「物體」，需要更多背景。

　　創投資本家威爾‧羅森威格（Will Rosenzweig）是最早在加州大學柏克萊分校開課教授社會企業的人，他也是茶葉共和國（Republic of Tea）的共同創辦人，現在經營食物商學院（Food Business School），他觀察到許多成功的友人忙到生活中缺乏空間，沒時間開臨時會議，行程沒有空檔和新認識的人喝一杯。他自己則在晚餐時間保留空位給意外的客人，這是來自希伯來傳統，在猶太逾越節的晚餐保留空位。空椅子象徵為先知以利亞保留榮耀和歡迎的空間。羅森威格說：「我總認為

這也是在生活中創造足夠空間，給意外的客人或陌生人，去真正扮演一個夠重要的人生角色的方式。」工作和生活的壓力，讓我們很難空出象徵性空位給偶然的創意工作，它可能帶來好運。

就像威爾的以利亞空椅，你需要某種故意空出來的受保護空間。想像我們去參加草地上的戶外音樂會，會帶著野餐毯去圍出一塊草地。我們的經濟體就像有個指定座位的巨大圓形劇場和鋪滿別人野餐毯的草坪，如果你不占據自己的座位，設定並維持自己的空間，草坪就會被別人占滿。

創意的重點貴在實踐，但從一個存在的位置開始。重點不是摩天樓和垂直加高，而是鋪開野餐毯，留出探索的空間。鋪開野餐毯也有空間和經濟上兩種意義。在行事曆上保留空間，卻也表示我們必須為這空間付出代價，或知道這段時間無法做獲利的工作。這就是屬於個人的研發部門，你可以在裡面探索概念卻沒有產出東西的壓力。

我教藝術家和設計師學習商業模式時常常看到他們的困惑，我覺得這也適用於每個人。藝術家或設計師很難描述他們工作內容的商業模式為何，到頭來他們發現自己需要的不是拿錢做出他們已經知道怎麼做的東西，而是設法在財務壓力下找到空間去遊玩冒險，研發下一個東西。這個空間感——些微的付出、創造性的偷懶、短暫停歇——就是我所謂「工作室時間」的基礎。

工作室時間

工作室時間是指生活組成中被保護為空白背景的一小塊。它可能是你可以造訪的實體空間，也可能是保留給儀式或習慣的心理空間，讓你隨意探索。它可能像個別藝術家的實際藝術工作室，其空間需要多次調整。工作室空間的特徵，無論在肉體上、情感上、經濟上和精神上，都是開放式的。總之，從下面兩個例子，是有關多用途材料的發明：紙膠帶和電子郵件，可以說明何謂工作室空間。

3M公司早年有個名叫理查·德魯（Richard Drew）的員工，當他去拜訪汽車美容廠的客戶時，發現工人在為弧形車身漆上雙色條紋時非常辛苦。他當時就想，要是工人有黏性膠帶可以用來「遮蔽」某種顏色，又能同時漆上另一色，避免彼此渲染，工人就會輕鬆很多。

德魯的上司決定睜隻眼閉隻眼，放任他一陣子，他採取類似1970年代教養學校一種稱作「慈愛的忽略」（benevolent neglect）的管理方式，對小孩相對放任，讓他們發明自己的玩耍形式。某天，德魯在3M辦公室走來走去，碰巧看到公司用在砂紙的底紙，心想也許適合做成有彈性的好膠帶。結果，3M的紙膠帶與黏劑整個部門就此誕生，甚至發展出傳奇的便利貼。

德魯的經理故意放任他，給他探索空間、時間、材料的空隙。這個放水行為就給了德魯一小塊工作室時間。

你也可以把「20％自由時間」的概念，看成是工作室時間的一種，這個概念先前以不同形式廣受 3M 和惠普等創新大公司歡迎，後來因 Google 而聲名大噪。給員工一小部分上班時間去從事自己喜愛的計畫，等於在他們時間和精力的景觀中增加一張重要的野餐墊。公司把 20％的時間給員工專注於過程而非結果的自由，導致了一些傳奇性的突破。這些成功說明了不只藝術家，任何人都能從指定空間和時間的探索中受益。

把 20％時間發展成功的最有名的例子，便是 Google 的工程師保羅·布克海特（Paul Buchhei），他設計了 Gmail，然後創造了 AdSense 去負擔運作成本。布克海特從 1990 年代在凱斯西儲大學當學生起就一直想要把 email 完全帶進網路。利用 Google 的 20％時間政策，布克海特開始研發。先前他在 Google 負責寫程式，其工作之一就是打造能辨認特定形式的 Google 關鍵字搜索，並判定是否為色情的過濾器。

如同前面佛加提觀察到，一把剪刀只需稍加改造就可用於眼睛手術，布克海特發現他的色情過濾器可以改造成辨認任何搜索詞並配對到特定的廣告上。改裝版的色情過濾器變成了撮合搜索詞與客製廣告訊息的程式 AdSense，也是公認 Google 商業模式的骨幹。AdSense 讓陽春的 Gmail 可以靠廣告自給自足，

提供客戶免費使用。布克海特的 20％時間計畫導致網路郵件的商業模式掀起革命性的變化，比起先前按照儲存空間收費的規畫，其獲利大大提升。

布克海特事先根本不知道自己會成功，他只知道自己有些時間和空間去嘗試。1999 年他去 Google 上班時，沒人會對他有不切實際的過度期待。如同他自己說的：「我還以為 Google 會被巨大得多的 Alta Vista 壓垮，但是這裡的同事真的很聰明，所以我相信我在過程中可以學到很多東西。」

我不敢保證你的工作室時間一定會生出某個有趣的作品。但你必須要出現在那塊空白背景裡。

從不同類型的創意開始

工作室時間的起步方法之一，就是先選擇專注在某個領域的創意活動。如同洛爾和舒瓦茲的觀念，我們都在管理許多不同形式的精力——心靈的、情感的、思考的、身體的。我們也在從事許多不同形式的創意活動，有些活動玩得多，有些玩得少，但總能找出適合我們的組合方式。

試試看下面這些類型會不會激發你探索的興趣？或許你早已深入在做某項活動。

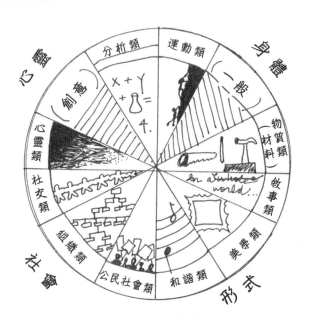

1. 社交類——友誼的練習和遊戲的發明

社交創意的基準線只是參與，把人們湊在一起，進行對話。我朋友沙賓娜（就是她提議在本書加入分類表）會主持手工藝之夜活動；我朋友傑西和他女兒與其他父女檔會主持發明家俱樂部；我朋友珍妮佛則是主持一個淑女品酒俱樂部。你喜歡煮點東西叫大家來品嚐嗎？你會召集運動隊伍嗎？你會組個社區花園嗎？

2. 組織類——管理眾人、設計系統、經營過程

企業史學者艾佛列・錢德勒（Alfred Chandler）在 1962 年著作《策略和結構》中率先描述企業的 M 形結構，是大公司的典型結構。大衛・裴卓斯（David Petraeus）將軍則重新構想軍事攻勢的結構。一個任務怎樣可以分派或管理得更好？各部分如何拼湊在一起？協調各部分的最佳方式是什麼？你足智多謀，可以設計一個系統來做飯或安排差事嗎？你對設計專案讓不同團隊一起合作達成目標有想法嗎？

3. 公民社會類——公民參與和社會改造的領域

占領華爾街運動把社會運動重新想像成一個過程，而非基於議題的形式。歌手鮑勃・格多夫（Bob Geldof）和米茲・尤瑞（Midge Ure）1984 年成立 Band Aid 活動救助非洲饑荒，稍後又和（U2 樂團主唱）波諾等人合作推動 ONE Campaign 反貧窮運動。2008 年，美國總統候選人巴拉克・歐巴馬動員志工。如何推動改變？如何妥善參與？你的日常創意行為可以用在社會上嗎？

4. 分析類——在規範內解決問題，邏輯和巧思交會的領域

分析性創意包括精確工程、科學方法和許多設計實驗並解讀結果的方法。許多學術研究，無論歷史或英文，數學或化學

都屬於這類，依方法學而不同。以科學方法工作可能顯得偏向邏輯而非創意，但那些方法也提供如何朝意外的方向前進，例如用類固醇而非抗生素治療自體免疫疾病。在規定的研究方法侷限內如何證明某件事，可能會有大量創意成果。

5. 心靈類——宗教和自我培養的領域

心靈性創意包括對存在問題的探索，和對於作家米蘭·昆德拉所謂「內在世界的無限範圍」等各種好奇心。練習包括冥想、閱讀、親近大自然、個人發展或組織化宗教。

心靈性創意很容易與社會性和說故事重疊，其核心在於平衡知識和信仰、事實和相信、希望和絕望、意圖和接納、歸屬和孤獨、堅持和容忍。比較創意的作法是紐約中央公園某個人力三輪車伕，他會在喧囂中暫停工作，放下毯子前往麥加禱告。脫口秀主持人史蒂芬·寇伯（Stephen Colbert）則在他的主日學授課中，以搶答競賽的方式教導聖禮。它也出現在與信仰概念搏鬥的不可知論者，或與事實搏鬥的虔誠者內在生活中。

6. 運動類——以運動或舞蹈或任何形式探索身體

2015 年湯米·卡德威爾（Tommy Caldwell）和凱文·約格遜（Kevin Jorgeson）成為第一批以最困難的「黎明牆路線」攀爬優勝美地國家公園船長岩的自由運動家，他們臨機應變，找

到一條通道可爬上幾乎垂直的岩壁。運動和戶外探索的許多形式涉及肌肉運動的創意。對許多人而言，身體的最大創意空間是性愛中親密的創意合作。如同自稱「矽谷創意顧問」的羅傑・馮・歐克（Roger von Oech）在1983年的自學書籍《當頭棒喝》（*A Whack on the Side of the Head*）所寫，創意就像大腦的性愛。相對地，性愛也像身體的創意，舞蹈也是。

7. 美學類——設計、藝術和其他布置形式的眼界

美學創意雖然跟純藝術有關，包括室內設計、個人造型、桌面擺設，或其他視覺設計工作。它的另一部分是空間推理與線條、形狀、顏色和形式的組合工具。美學創意可能為了藝術而藝術。但2014年情人節後的兩個月，一位紐約長老教會醫院的護士把腹腔鏡小切口用的所有白紗繃帶切成心形。讓手術完醒來後脆弱、驚嚇又疲倦的病患，看到肚子或腿上布滿白色小心形。美學創意包括純粹好玩的設計，如同繃帶案例，或為了簡化，如同火車時刻表和高雅時鐘的例子。

8. 物質類（材料）——材料的巧妙操弄

材料創意是指像傑克森・波拉克（Jackson Pollock）丟擲顏料或米開朗基羅從大理石塊中雕出人體的藝術家領域，但是維修工、水管工、電工、產品設計師和裁縫的領域也可能創造

出好東西。材料的巧妙運用能讓火星好奇號探測器於 2012 年成功降落在行星地表；材料的發明使我們有幾乎無法摧毀的泰維克（Tyvek）纖維。材料還可以延伸到用鹽煮洋蔥而加強它的香味。你會著迷於破解材料的材質和耐力嗎？無論是銅管的材質、斜向切割的纖維質、或是用磨菇做成的建材？

9. 敘事類——建構關於過去或未來、真實或虛構的故事

娛樂媒體（國家公共電台或英國廣播公司或電影和其他電視節目）以及共進晚餐的朋友和書籍的世界，都會把我們拉進故事中，其實我們自己也都是某種方式的敘事者。我們透過言語或動作，寫作或表演，解釋過去的事件，也講述未來的故事。如同哈波・李在 1962 年接受作家洛伊・紐奎斯特（Roy Newquist）的訪談中說到，美國南方人的專長是：「我們是一群天生的說故事高手⋯⋯我們靠說話互相娛樂。」

10. 和諧類——韻律和節奏的領域

和諧主宰了音樂和舞蹈，也統領了口語或文字書寫和歌曲的模式。它也是語言中帶你體驗詩意和整個音樂聲域的一部分。

讚美進行中的工作

當你從事上述任何一個類型的工作時，如何判斷一開始需要投入多少工作室時間？先問問自己在目前的生活作息中，能負擔多少時間損失？檢視你已經花掉的時間，例如通勤時間，或檢視生活中被動復原的部分，像看電視。檢視你的工作進度表，問問每週會議可否改成兩週一次。無論時間長短——每天 5 分鐘，每隔週兩小時——指定它是工作室時間的預算。在那段時間給你自己一個「20％時間計畫」（無論這段時間是每週的 0.004％或 20％）。你可以投入上述任一項創意庫或純粹為了樂趣。你可以學習新食譜，主辦活動，在朋友圈擬出研究計畫。進行順利嗎？你學到了什麼？讓你想要繼續做還是去不同的領域實驗？

我們的概念並不要更改或最適化你的行事曆，而是以實驗精神暫借這段時間。創意過程的重點在深入未知領域所獲得的力量，結果未卜的工作一開始可能讓你覺得不自在，你可能覺得愚蠢或堅持想要通往某特定方向。能在工作室時間中發明下一個 Gmail，或立刻解決你最苦惱的問題固然很棒，但你必須放掉對成功的期待，才能真正走向成功。就從你喜歡的東西開始，別無所求，並採取實驗的態度。

在為這本書作收尾的期間，我接受拍攝影音教學課程來當作工作室時間的計畫。週一晚上我可以跟我不熟悉的好心人一起拍攝荒謬但簡單的場景，同時學習如何用攝影機。向團體播放作品時，我們都覺得穿幫了。不過，這只是學習過程中必有的人性弱點體驗，重點是全心投入和堅持到底。

工作室時間想做的東西，不必是奇異和外來的，也不需要像專業藝術家或矽谷科技工作者那麼專業。無論是小型 DIY 計畫或大型研究計畫，工作室時間的心態就是選個你有興趣的計畫，不分大小，然後給自己時間和空間，像進行某種儀式般的投入，這花的時間不是考驗而是實驗，是學習和實做的機會，成敗並不重要。

藝術天賦的迷思

當藝術家並不是什麼稀奇的事。但你很容易猶豫，因為你以為必須從白紙開始，立刻創造出傑作。藝術多半是個連續體，如果你有用心，空白畫布可能成為傑作，這也包括最近風靡全球的成人著色書現象。蘇格蘭插畫家喬漢娜·貝斯福（Johanna Basford）在 2013 年出版的成人著色書《祕密花園》，頭兩年就賣了 100 多萬冊，有些粉絲會和朋友舉辦「著色團」聚會。

你可能以同樣的方式走進由純理論概念主導的任何類型，你可以慢慢進入藝術家的神祕領域去親近創意活動。想想即使專業藝術家，也有很多方式運用他們的時間，包括歸檔、管理、排行程、批准申請、裱畫，還要準備創作。1943 年社會心理學家亞伯拉罕·馬斯洛（Abraham Maslow）提出了「人類需求五層次理論」說明人類的動機。馬斯洛的金字塔結構從對食物和住所的基本需要，到情感和成就等最高階的自我實現。創意活動也可以有類似的金字塔結構，從模仿的最基礎作品，到改造與合成，到最高階的從無到有，完全創作一個東西。

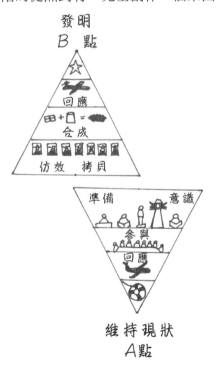

拷貝（Copying）是種理解和觀看的學習方式，也是專業藝術家常用的訓練。從 1600 年代中期到 1800 年代中期，有錢的歐洲人會從事壯遊（the Grand Tour），遊歷各個重要城市和地標以塑造文化認知。大多數人透過拷貝他們在博物館看到的作品來學習。拷貝也是一種仔細觀察，去了解東西怎麼做出來，了解什麼東西無法輕易拷貝，或只能細心複製。

　　仿效（Emulating）則是不完全拷貝作品的細節而是模仿其精神，也就是採用其模式並加以改造的方式。Google 的人事主管拉茲洛・波克（Laszlo Bock）尤其鼓勵人們去仿效他們所欣賞的履歷表。如果拷貝是最真誠的奉承方式，仿效就是最真誠的讚美——採適量的程度做成你自己的，從一個用途延伸到另一個用途吧。

　　合成（Synthesizing）是把來自不同領域的東西湊在一起的。我向來喜歡 1980 年代 Reese's 花生醬巧克力杯的電視廣告，巧克力伯爵加上《七寶奇謀》等級的驚悚和舒適，隨時穿插男中音指控：「是誰把巧克力加到我的花生醬裡？」的關鍵口號，真是絕佳的組合。這就是合成行為，如果仿效是觀察之後改到別的用途，合成就是結合兩個以上不同東西形成獨特的新東西，像是 Reese's 的產品。

　　回應（Responding）是指想出全新或新奇的對策——以回應某個必須立刻解決的情況。我和不同組織不同階級的人有過

無數次對話，他們表示在極度限制中，也就是當你覺得綁手綁腳陷入盲目，而非放鬆和充滿禪意、空白、冷靜之時所做的對策，比起在真空狀態，不受拘束時的成就感更大。我們發現，有時候市場就是你要回應對抗的侷限。

空白畫布的創意不是回應特定環境，而是回應你自己設定的疑問，憑空捏造的創意。回到馬斯洛的理論，從疑問或你自製的概念著手，是一種創意上的自我實現。很多創意行為會上上下下觸及這個階級結構的不同層次。

很多時候，表現在空白畫布上的創意是從別處開始的。披頭四樂團一開始不是唱原創歌，而是把 1961 年的蘇格蘭傳統民謠〈My Bonnie Lies Over the Ocean〉改編成搖滾版。這個版本讓布萊恩・艾普斯坦（Brian Epstein）發掘了他們，也成為他們未來的經紀人，創造了以「–mania」字尾的工作頭銜（瘋狂歌迷）。

如果你感到懷疑，也可以從日常喜好的小事開始，像是做些餐點或禮物，或短暫的手勢。如果你看過紐約市馬拉松之類的賽事，就會發現一路上充滿路人創意的關懷表現。像是有人會做牌子幫別人加油，上面寫「沒時間用走的」，還附上演員克里斯多夫・華肯（註：Christopher Walken，其姓氏 Walken 與走路諧音）的照片。再過十哩，有人會若無其事地站著等待跑者，隨意把金屬掃帚柄插在衣服背後，同時舉著信紙大小的小狗護貝照片，白色毛球狀的寵物正是他們家的驕傲。無論你

喜不喜歡克里斯多夫‧華肯的雙關語，你可以用創意的表現你的關懷。這麼做，你就提升了日常生活的層次。

或者，你可以像布克海特創造 Gmail 時的做法，開始注意有什麼困擾，然後解決它：

開始留意你最常等待什麼東西或對什麼產品有點困惑不滿，有什麼小煩躁……其實，我們放進 Gmail 的大多數東西都只是我對什麼東西不滿，而我們可以嘗試想出個對策。

不管怎麼做都好，你可以把不同類型的創意活動，當成是工作室時間的腦力激盪清單，自由輕鬆的入門。

沒有什麼是浪費的

工作室時間的祕訣是，了解到把各種不同的部分拼在一起，可以變成比自身更好的東西。個體貢獻給整體，即使很難立刻看出它們的貢獻。2014 年，《脆弱的力量》、《不完美的禮物》作者布芮妮‧布朗（Brené Brown）寫了封公開信給一個學生，這個學生擔心自己是為了工作而上班，而不是追隨自己熱情。布朗說：

我的座右銘是「沒有什麼是浪費的」。你的讀書和實習，加上你的熱情。如果你能從中擠出學到的每一滴，以後都會有用。我或許是個研究者，但我把成功大半歸因於多年當酒保、女侍和夜班客服，還客串社工和教師的經驗。是這些工作教會我同理心和人類行為。

對工作室時間而言，時間絕對不會浪費，因為這是學習也是練習。

學習雖然無法立刻有效，並不表示改天它不會發揮作用。佛加提違反規則翹課去釣魚的嗜好，早在他在醫學發明上造成突破之前就有。做你愛做的事，遵循嗜好的興趣和熱情，絕不會浪費。努力實踐你想做的事，好好完成困難任務或長期的努力，也絕不會浪費。

發明的歷史充滿了看似浪費時間的故事。萊特兄弟對發明「飛行機器」有熱情，但許多工具來自在於他們在俄州戴頓市經營腳踏車店的工作 。要是沒有那家店，或沒有趁奧維爾患傷寒休養時讀那麼多關於飛行原理的書，他們可能永遠不會發明飛機。

1884 年 2 月 14 日，西奧多‧羅斯福的母親和妻子在同一天過世。哀慟之餘，他轉向大自然，到現今北達科塔州的農場住了 3 年，結果在 1901 年成為美國第 26 任總統。比起現代任

何想當總統的人，他們大多是先去當州長或討好金主，不太願意離開華府市中心超過 3 週。看到羅斯福的率性生活，而非野心勃勃的規劃未來，實在覺得很新鮮。老羅斯福在任內撥出了 2 億 3000 萬英畝土地作為國家公園，顯示他在達科塔那段日子一點兒也不浪費（他體弱多病的童年時期，在紐約市製作動物標本的時間也沒浪費）。

同樣的事也很容易發生在你的人生當中。你曾幫別人做某件事，多年後對方回報你的比想像中更多。這不是交易，你幫那個忙並不期待回報，但是一切都是同一生態體系的一部分。某些東西出現在你期望和現有計畫的邊緣，好像懸疑謀殺案中的潛在線索：突然間被你丟棄的細節成為解開劇情的關鍵，你眼角幾乎沒注意的東西反而轉移到舞台中央。你的視野拓寬之後，看到了熱情和消遣、職責和痛處、錯誤和出師不利等更廣更多樣的景觀，其中任何一項都可能變成關鍵要素。

當你摸索要做什麼，或怎麼解決特定問題最好，光是工作行為就能創造意義這個事實讓你得到安慰。如同教宗方濟所說，「工作不只是有獲利的經濟目標，最重要的是關於人和尊嚴的目標。」無論實質就業或專心投入人生的任何領域，有工作就有尊嚴。教宗方濟各本人在 1957 年進神學院之前，也當過化學實驗室技師和夜店保鑣。

雖然有工作總會有尊嚴，但不是每個問題都能直接靠努力

去解決。藝術家湯姆·薩克斯（Tom Sachs）在〈給華爾街日報的十顆子彈〉中描寫創意的過程，承認創意計畫未必是有努力就有收穫。它們需要直接努力，但有時候也會意外地被解決。這是他的第九號子彈：

拖延：如果你一開始沒成功，就立刻放棄，改做別的任務，直到難以忍受，再繞回來解決第一個問題。這時候，你的潛意識可能覺得已經努力過了，有點像睡覺休息，但便宜多了。

無數創意計畫是在你休息之後才解決。工作和休息在道德上不見得互斥，兩者都是整體的一部分。以佛加提為例，打破工作和玩樂間的界線，不只是切換發明的方法，而是因為隨時保有好奇心和專注力，使你能在恰當的時機發現自己能做什麼。

來自教育、商業和神經科學等不相干領域的研究也證實了這一點。1929 年，德國神經學家漢斯·柏格（Hans Berger）率先證明，即使一個人看似在休息，大腦也仍處於相當活躍的狀態。大腦顯像科技在90年代發展時，fMRI（功能性磁共振顯像）研究追蹤神經網路中的血流，得以顯示活躍大腦在休息的圖像。這些觀察發展成理論，認為大腦有個「預設模式網路」，當大腦似乎在休息時就會發生這些活動。這些活動允許大腦合成、歸納和保存它學到的東西。

無所事事的焦慮

即便科學已經證明，看似無所事事其實可能有生產力，一般人對於沒有努力工作仍然相當焦慮。有生產力就讓人有安慰感，就算你只是刪除一些待辦事項，你也因能掌握狀況而感覺很棒。但與直覺相反，你的創意自我真正需要的是休息和暫停，它需要空間把你體驗到的所有獨立部分縫合成一個有意義的整體。

2012 年，印莫迪諾楊（Mary Helen Immordino- Yang）、克里斯托多魯（Joanna A. Christodoulou）和辛格（Vanessa Singh）這三位《透視心理科學》作者，在題為〈休息不是怠惰〉的報告中，發現這個安定和反省的預設模式，其實是自我形成的基礎。如果你太專注在外部世界中必須完成的任務，就沒有時間給維持人性界線需要的那種「清醒的休息」和內省了，這可是維持基本人性的底線。

為了把休息的重要性轉譯成職場設定，哈佛商學院教授萊斯里‧普羅（Leslie A. Perlow）和研究助理潔西卡‧波特（Jessica L. Porter）與波士頓顧問公司（Boston Consulting Group）的員工進行一項實驗，並在 2009 年發表結果。實驗設計不只給管理顧問們休息，還有可預測的排定休息。其中一組受訪的顧問，每位隊員會在週間休假 1 天；另一組受訪者則同意在指定日的晚上 6 點後不看 email 或工作。其中一組正在高壓

力的購併、重組案中，所以特別被挑選出來。結果，在初期的焦慮過後，員工普遍反應神清氣爽表現更好。這項實驗也促使溝通和互信提升。到 2014 年，波士頓顧問公司在全球各地 7 5 處辦公室實施了「可預測休息制」，有幾千個專案團隊參加。

現代許多辦公室的氣氛已演變成全年無休的投入，雖然員工不需要隨時都在辦公室，但有時候公司可能臨時需要你，員工只好不斷查看 e-mail 和隨時待命。普羅的實驗證明了進行某種儀式及可預測休息的重要性。2014 年，普羅延續關於休息對個人績效和快樂之效應的研究，進行協調休息對整體團隊生產力和福祉之效應的另一項研究。

在日不落帝國式的跨國企業，和充滿會議、干擾的日常文化中，她發現即使公司只期待員工朝九晚六，大家仍會把工作帶回家。因此普羅建議，如果各團隊能同步化，在普羅所謂的「提升生產力日」同時協調休息，將可大幅改善團隊整體生產力的機會。這些倡議帶來更快樂的團隊和員工穩定性，顯示休息可以滋養，或許還能修補大腦這部高速引擎的一些基本零件。

不知情的好處

　　離加州山景市的 Google 全球總部不遠處，有家 El Camino 社區醫院，佛加提醫師目前在此經營一間創新研究機構。他故意在社區醫院而非稀有的學術研究中心，是因為想要貼近病患真正的需要。如他所說：「病人優先。病人優先。病人優先。」現在他研究的問題是關於從醫師訓練法到球囊導管等單一器材的完整系統。佛加提說當他和部屬談某些複雜的問題，會找個毫不知情的人加入以改善他們的討論。從許多領域聚集眾人，是完整人生思考的知識分子作法。從別的領域邀人，就像在對話空間中保留以利亞的空椅。

　　大家很容易忘記剛上市時球囊導管的成敗多麼不確定，第一批採用的醫師多麼勇敢，還有它差點就無法量產。讓導管量產和普及使用的創意工作不只是搞懂這個器材，也要透過佛加提的專業管道：醫學期刊、醫材廠商和外科醫師把它放進這世界。

是佛加提的導師克蘭里醫師率先在幾次成功手術中使用該導管。即使如此，佛加提也找不到願意刊登他們成果的主流醫學期刊或願意量產的公司。直到被２０家公司回絕之後他們才找到有公司願意承接。

　　佛加提的人生道路上有些東西，如同原創和真實的故事，是無法直接複製的。這些本來就不是用來拷貝的模式，而是提醒我們可以如何開始。從培養好奇心和觀察的空間出發，忘掉工作與對策的一比一的永恆需求，留出探索的空間。如同佛加提到他早年的惡行：「事實是，我懂得不夠多，不知道能否行得通，才敢毫無忌憚的去嘗試。這是不知情的好處之一，你不會被嚇倒，很多新東西經常是這樣試出來的。」這對他來說是很久以前的事了，他的人生已經是有許多老樹的景觀。佛加提自己說：「球囊導管是陳年舊事了，人們以為我已經死了。他們以為我是湯姆·佛加提的兒子。」

　　一般而言，藝術較少來自單獨完成某個目標的慾望，而是來自生活中所有領域的總和。職涯中有山有谷的大局，必須包括搞東搞西的零星空間，才能發出叮叮噹噹的聲音。不管你用乳膠或塑膠來連結景觀中的各個部分，其成果端看你能不能找個下午去探索自己的工作室時間，又能專心投入幾年。的付出、創造性的偷懶、短暫停歇——就是我所謂「工作室時間」的基礎。

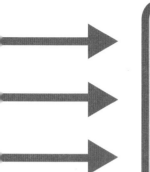

第二章
在草叢中

把重點從結果轉到過程,不要把進行中的
工作和別人的成果互相比較。

在知道內情者看來,任何人生都只不過是一連串的
挫敗。

——喬治‧歐威爾

1949 年，有個來自阿拉巴
馬州的 23 歲不起眼女子退學之
後遷居紐約。她在上東區找了個
廉價公寓，並開始在書店上班。
隔年她找到薪水加倍的工作——
航空公司訂位員。她在東方航空
工作了幾年，之後跳槽去英國海
外航空（BOAC，後來成為英國
航空）。通常她看起來害羞又平
凡。她穿斷裂斜紋藍色牛仔褲，剪男性髮型。某個朋友說，「我
們不認為她有多大能耐。她說她在寫書，如此而已。」

在航空公司上班 10 年之後，這位女性出版了她寫的小說。
編輯警告她別抱太大的期望——大多數處女作或許只能賣個兩
千本。但是正面跡象逐漸出現。3月，讀者文摘要求轉載濃縮版。
1960 年 7 月 11 日全書正式出版後，受到了「夏季風暴」似的盛
讚。出版三週後，《梅岡城故事》（*To Kill a Mockingbird*）登
上了芝加哥論壇報和紐約時報的暢銷書排行榜。1961 年，作者
哈波‧李得到了普立茲獎。

1964 年，紐約 WQXR 電台主持人洛伊‧紐奎斯特在自家
節目〈對立點〉訪問了李。訪談照例在廣場飯店進行，紐奎斯
特詢問李那些他問過其他 250 位作家關於事業抱負和「工作哲
學」的變化題型。當他問她想像此書出版後會怎樣時，關於她

創作過程的回答後來成為名句：

　　我從未期待《梅岡城故事》會有任何成功的機會。我一開始就不指望它能暢銷，我只希望書評讓我死得痛快點。但同時我也有點希望或許有人夠喜歡它而給我一些鼓勵，公開的鼓勵。我只盼望能有一點點，如我所說。但我大獲全勝。就某個方面來講，這跟我預期的死個痛快一樣可怕。

　　從 1964 年的後見之明（現在看起來更是如此），可以看出哈波・李如何像地圖上的大頭針從 A 點移到 B 點。但是當她在 1950 年代整天工作時，B 點尚未存在。她無法鳥瞰未來的人生藍圖，她彷彿置身在草叢之中。

　　大藝術思考的第二個心態來自這種置身草叢和俯瞰全景的差別。身處於創作的草叢裡，你必須跟尚未完工的，有弱點的創意和樂相處。如果你想要創造什麼東西，像是勇敢地嘗試轉行、找配偶、成立公司、推銷點子，甚至寫一本書，你就比較能感受到哈波・李所戲稱的寫作過程是坐在椅子上磨破三條牛仔褲，而不是得獎。

　　想要在草叢中安然自在，並且有生產力，你必須重新調整你的觀點，同時也必須具備三種專注在過程而非結果的工具。第一，你必須改變你對批評的觀點，你必須把批評者的批判轉換成製作者的明辨。要做到明辨，你必須有意識地延緩批評作

品好壞的時間，改問自己怎麼做才有用、才會做得更好。第二，你自己對於好壞的判斷，也必須稍具哲理和懷疑。現實生活中，我們的判斷是會不斷改變的，現在看來成功或失敗的東西日後可能恰好相反，或只是過程中的一步而已。第三，你必須培養能立刻進入當下的專注力，這有點類似專心冥想。專注力幫助你停留在純粹創作的最佳狀態。

這三種工具培養你安居在工作室時間中的能力，讓你更容易腳踏實地。你如果成功，在外人看來也許覺得十分容易，其實，在內心深處，你知道你就像哈波·李一樣，必須一步一步慢慢地發現自己的作品。

置身草叢中是任何領域的藝術家都必須有的本質。這是個絕對相信自己的過程，你要相信若你能連結到真實的自我又能全心投入，就會創造出有價值的東西，無論你在沿路的不同時間點上是失敗或成功。其實，光是嘗試，你就勝利了，你終究會發現，這種方式比你沿路批判而窒礙難行，其成功的機會更大得多。

看不到未來的弱點其實正是唯一的突破口。如同哈波·李在《梅岡城故事》中，描述史考特之父阿提克斯的個性：「真正的勇氣是……開始前你就知道必敗無疑，但還是硬著頭皮做，堅持到底。你很少贏，但有時候會贏。」置身草叢之中讓你必須要勇敢樂觀一點，選擇自己在乎的問題並且去冒險時也不能動搖。

創意過程 vs. 創意成果

1971年，社會心理學家愛德華‧瓊斯（Edward Jones）和理查‧尼茲彼（Richard Nisbett）描述了他們稱作「行為者－觀察者偏見」的現象，說明置身草叢和俯瞰之間的差異。

根據瓊斯和尼茲彼的說法，我們容易把自己的行為看成情境造成，卻把別人的行為看成固定不變。我們是遭逢不順的一天，換做別人卻變成壞蛋。我們急著去學校接小孩而不得不臨時左轉，別人如果隨便左轉就是個差勁的司機。我們自己的行為從情境而生，別人則反映出他的基本品格。我們自己是會波動的，別人卻固定在某一點。行為者－觀察者的偏見也描述了這種心態的落差：我們自認為是進行中的作品，卻認為其他一切都是完成品。

我們很容易混淆開始和結束，也很容易忘掉起步的失利和沿路的錯誤。當你看到別人的完成品，很容易跟自己還在進行中的作品做比較。你若這麼做，就幾乎不可能起步。你把自己在寫的歌和披頭四的完成專輯做比較，忘了他們也曾經在餐巾背面寫歌詞。分辨過程和結果的不同，認清身處草叢之中所做的東西和俯瞰完成品間的落差，將有助於你記住：起頭總是比較笨拙、雜亂或看似不重要。我們之所以能在事後講出連貫的故事，是因為它經過建構。

有次我參加一場很美麗的婚禮，新娘和新郎幸福又恩愛，賓客誠心熱情地敬酒，我告訴朋友我無法想像會有別人比他們更恩愛。他轉向我說：「你知道嗎，他第一次邀約時，她沒有答應。」創意過程就跟他們的經歷很相似。

就哈波‧李的案例來說，外人很容易以既定的、線性的方式編排她的傳記：大家會說哈波‧李出生於 1926 年 4 月 28 日，在阿拉巴馬州門羅維爾鎮長大，那是個和小說背景梅岡鎮很相似的郡邑。書中的主角阿提克斯就是她父親的寫照，她的高中英文老師是她的精神導師。她剛搬到紐約時，作家楚門‧柯波帝（Truman Capote）正好是她的夏日鄰居兼好友。哈波‧李在出版《梅岡城故事》之前從未寫過校刊文章以外的東西，但是她向來喜歡咬文嚼字，以致於她父親特別買了一台黑色打字機給她和柯波帝，他們總是帶著它跑來跑去。

大家也會以後見之明的心態說李從杭廷頓學院的女子家政學校轉學到阿拉巴馬大學時，開始為校園幽默雜誌《Rammer Jammer》寫稿，她的文章當時似乎已顯露出她擅長處理種族關係，深具原創個性。哈波‧李是大學姊妹會員和老菸槍的神祕結合，她喜歡穿男性睡衣，常常罵髒話。即使身處只為找老公的「學位太太」新娘學校，她也能勇敢做自己。她是那個年代的機智、蒂娜費（Tina Fey，劇作家）型角色。類似這樣的傳記故事可以寫得出來，卻只是表象而已。

因失望而衍生的奇特事件，讓哈波・李的人生劇情大轉彎，1956 年李因為假期太短無法按慣例回家過聖誕節，她只好留在紐約陪喬伊和麥可・布朗夫婦過聖誕。喬伊是芭蕾舞者，麥可是工業音樂作曲家——負責接受電器商 Electrolux 之類的企業贊助，用來廣告自家產品的百老匯等級大製作。

那年布朗夫婦賺了不少錢。他們通常只會和李交換象徵性的小禮物，然而等布朗家小孩拆完禮物之後，喬伊和麥可指著他們塞在樹上的一個信封說要送給李。信中寫著他們要送給李一整年的薪水，好讓她可以專心寫書。

幾個禮拜之後李寫信給一位朋友說：「他們不在乎我寫的東西能不能賺一毛錢。他們只想要幫我認真對待自己的天賦，這當然會摧毀我個性中親切可愛的部分，但會讓我踏上某種事業之路……我對這樣的提議除了老套的感激和驚訝之外，也有種可怕的預感，這將會是造就我的……」

即便如此，李仍須找經紀人和編輯協助完全改寫早期的初稿，這稿子後來變成了另一本書《守望者》（*Go Set a Watchman*）的一部分。在撰寫《梅岡城故事》時有許多高低起伏，以致於她有一天洩氣地把草稿丟出窗外。她打電話給編輯霍霍夫（Tay

Hohoff），對方好言相勸，才哄她穿上雨鞋，到雪地裡把稿子撿回來。

不管任何時間，李都忙著創造作品本身。她對自己未來所創造的神話毫不知情。

批判 vs. 明辨

在你從事初階創意工作時，你可以採用批判和明辨這兩種態度來評估作品。批判頂多只能了解和合理化作品，它同時也會把作品降為「好」或「壞」，批判讓你從演出者變成觀察者。為了繼續往前扮演作品的創作者，你需要使用比較溫和的明辨工具。批判只是對某個固定時段的成敗作評估，明辨則讓你了解什麼是有效或無效的過程。如果說批判是貼標籤的過程，明辨就是學習的過程。

有個例子可以解釋在初期階段所發揮的效益，那就是Google 內部研究育成中心 Google X。心理學博士里卡多·普拉達（Ricardo Prada）在 Google 全球總部山景市園區領導 Google X 的核心設計團隊。里卡多舉止溫和、深思熟慮，並散發著謙虛和親切氣息，他的工作是預先評估一些科幻似的計畫能不能有上市的機會。當 Google 宣傳部門剛揭露自動駕駛車是個頗具

未來感的計畫，里卡多的團隊早在幾年前就看過了。里卡多的設計師、研發人員和研究團隊得負責找出既可能改變世界，同時也有商業利益的產品。他們奉命在 B 點成功機率還很抽象的初始階段，就要決定是否繼續推動那些計畫。

為了把抽象創意變成實際產品，里卡多團隊需要高度的對話明辨能力。他們的職責必然涉及評估，因為他們不能什麼都做。他們必須對某些創意說「不」。但他們也不是一成不變的批評者，只會幫人貼上好或壞的標籤。如同里卡多所說：「告訴人們某個概念是好或壞其實沒什麼幫助，但總比不說好。你最好說，這邊不好，應該這樣修改。或者，你知道的，這邊很棒，這樣會讓它更好。」明辨的過程可能非常具備分析性，是研究的結果，但基本上也很具有人性。里卡多或許可以分析報表或仰賴社會學方法，但他的團隊終究是一群在草叢裡航行的人。

批判和明辨之間的核心差異，也可從史丹福大學社會心理學家卡羅‧迪威克（Carol Dweck）對「學習」心態和「固定」心態的差別研究中看出來。 迪威克發現抱持學習心態的人不會因失敗而感到挫折，因為他們把失敗當作自我教導的過程。相對的，屬於固定心態的人則把失敗看成是自己的聰明才智被否決。固定心態的人認為只要自己夠聰明，就能像青蛙跳荷葉般成功地安排自己的人生，絕不會被失敗玷汙，所以他們一直強化聰明的自我概念。擁有學習心態的人不會對事情貼上好或壞的標籤，他們會把它吸收為資訊，合成經驗。

所謂的學習心態，是指無論你做什麼創意計畫，都不在考驗你的智慧或基本技能，而是創造東西然後讓它更好的探索過程。不過，一般工作環境很難培養這種學習心態，尤其當你覺得自己的智慧或基本能力隨時在被評分時，老是被人要求解釋作品，你很容易有防衛心或被卡住。在職場上，批判有其非做不可的理由，最理想的狀況是，當你決定雇用某人、進行某個計畫，或同意購併某公司時才採用批判的心態。

短期內，能帶你脫離自我防衛或鬼打牆的動力是好奇心。只要你努力工作，試著允許自己好奇一點而非追求絕對正確。我們稍後會談到如何建立那種好奇心。

問自己是批判或明辨的方法之一，是把自己想像成一個畫家。站在畫架前，你可以上前用筆塗在畫布上，或退遠一點看看整個畫面。這兩件事通常沒辦法同時進行，所以大多數藝術家的工作室都會有老式扶手椅，可以坐著觀察作品，也可以動手畫畫。兩者都很重要：坐在椅子上能幫助你明辨這樣做行不行得通，但如果太常坐下就無法有任何進展。

李奧納多·達文西在他著名的筆記簿中寫到如何在明辨和製作間切換的方法，也當作是給其他畫家的忠告。達文西說：「如果你堅持一直工作，就會有盲點。」他的意思是，如果你一直工作而不退後，就無法知道你做了什麼。他推薦畫家們在畫架附近放一面鏡子，以便定期休息，並舉起鏡子看看構圖的倒影。

乍看到左右相反的構圖，他們會嚇得忘記熟悉感，卻反而能看出作品的優缺點。達文西所要表達的是站在畫架前和坐在椅子上、製造作品和查看進度之間的必要平衡。

　　請注意，他並不是說畫家應該往後以立刻看出作品是好是壞。他主要在講辨識。不管是畫畫，或做別的東西，你就是必須看清自己做了什麼。觀察是明辨的重點，想要省略觀察直接批判，是一種衝向終點而非留在草叢中的行為。

　　藝術和觀察是緊密相連的：畫某個東西就是要真正看清它。英國藝術史學家肯尼斯・克拉克（Kenneth Clark，他以 BBC 的文明系列節目聞名，也是李奧納多・達文西相關書籍作者，在 1930 年代特別有影響力）曾經寫道：「常有人說達文西畫得這麼好是因為他懂很多事；更正確的說法是，他很會畫圖，所以才懂那麼多事。」藝術家畫圖是為了看清東西，看清東西才能畫得出來。透過真實的、仔細的，充滿好奇且永不滿足的觀察，你更能明辨創作中的作品到底行不行。克拉克也形容達文西是「有史以來最好奇的人」。好奇心成為推動創作前進的明辨動力。

當你工作的時候，無論你是跟一群人互動，或獨自進行某項計畫，你會坐在椅子上或拿著畫筆站在畫架前？你能察覺出自己黏在椅子上夠久了，或感覺到有人拿著畫筆在別人的畫布上加上幾筆嗎？換個比喻來說，你能站在畫布前專心做畫而不覺得好像有人在背後盯著評分嗎？置身草叢中最理想的狀態就是浸淫在作品裡，適時退後看看作品是什麼樣子。我到底畫了什麼？怎麼做可以更好？

為什麼要迴避批判最重要的理由之一是，對於需要保護的初階作品而言，批判太尖銳了。如同皮克斯共同創辦人艾德‧卡特穆爾（Ed Catmull）寫道：

創意很脆弱，而且一開始通常不太好看，所以我說電影的早期版本是「醜寶寶」，它們不是日後美麗模樣的縮小版本，而是尷尬、不成熟、脆弱、不完整的作品。

人性衝動會把我們的初期毛片跟完成品做比較，也就是說，大家會以成熟作品才能符合的標準來要求新東西。我們的職責是保護我們的寶寶別太快被批判。我們的職責是保護新東西。

保護新東西並不表示祖護平庸的作品，而是用嚴格和寬容的心態去練習明辨。所謂的嚴格是指無論初期作品還差多遠都堅持高標準，寬容則是對可能性保持樂觀，懷疑你現在看到的是否只能做到這樣而已。

寬容的概念值得靜心想一想。再怎麼說，寬容通常不是企業策略詞彙的一環。當我教導藝術家們有關商業的規則時，經常告訴他們必須要寬容，先提出東西才能拿回東西。任何領域的創意工作都會要求你冒點險，先提供一點東西做參考。

　　先提出東西所需要的寬容，不只是針對市場或觀眾，也是對你自己和你的同僚。你會搞砸，他們也會。座落在阿姆斯特丹的全球數位製作工作室 Media-Monks 創辦者衛斯理・特哈爾（Wesley ter Haar）說，他發現他手下的經理人通常比他這 CEO 更無法原諒屬下犯錯。他提醒經理們多年前他們起步時，並不比現在犯錯的人高明多少。說起來很矛盾，能寬容對待各種可能，並保持樂觀心態，表示你可能已在該領域的頂點。追求卓越是讓你可以耐心跋涉的基礎，且終究能領先群體走出草叢。

　　你也可以從觀察一些受獎勵和得獎的人如何展開新計畫，來了解學習心態的重要。當我為寫這本書去訪問作家安東尼・多爾（Anthony Doerr）時，他剛以《我們看不到的所有光明》（*All the Light We Cannot See*）得到普立茲小說獎。他和藹又謙虛，還很富有哲理。他說他對得獎書的喜愛未必超過先前寫的四本，他一向坐在書桌前，開始寫每一本書。剛開始時他也會擔心寫不寫得出來，會不會半途而廢，寫完之後也不知道作品會不會被接受？我想，推出產品或成立公司的每個人都有同樣的經歷。

我們都有自己管理人生經驗中的混亂和不可預測性的工具。多爾的解決方法是想個奇特的故事線，他嘗試從荒謬的東西開始寫，以去除壓力。他形容《我們看不到的所有光明》說：「劇情關於一個盲女和納粹男孩。他們直到第 ** 頁（要隱藏頁碼，避免洩漏劇情）才見面！」

在你的人生當中，當你可能輕易停在固定心態的休息站、坐在你的桂冠上，被無論有多麼正面的批判癱瘓時，你最好能找出轉折點——得獎、加薪、升職、小小的成功。在那些時刻，你最好還是選擇明辨的心態。你得選擇下一個目標，你的持續成功就靠它了。

定出一個寬限期

擁抱明辨的最佳方法之一，就是主動決定把批判延後。你可以承認在某些時間點上你會想要知道某東西是好是壞，但你可以允許自己晚點再說。延後批判，定出一個寬限期（grace period）來拉長製作的時間。

就拿眼前你覺得必須馬上修正或完成或完美解決的當務之急來說，真正動手之前你還可以撥出多少時間呢？30 分鐘？1年？就像我有個研究生認為她必須馬上想清楚該選哪個職涯，

她覺得這問題和決定既吸引人又很急迫。事實上，她並不太需要在未來 2 週之內，甚至幾個月之內做決定，更不用說要在 2 小時之內立刻知道答案。如果她能多給自己在草叢中匍匐前進的時間，就能暫時擺脫對結果的需求，用這段時間設定學習過程。

一旦定出寬限期，她可以為自己設計一個研究計畫。她不必留在批判空間想破了頭說：「我還不清楚嗎？答案是什麼？」她可以問自己，在做決定之前，我應該知道什麼，怎麼樣才能得到那些資訊。

就這個案例來說，她可以找人談談，問自己一些問題，做做研究。很可能在查詢的過程之中，就會浮現她想找的職業。只要不是急急忙忙地做決定，她等於給了自己一枝畫筆，在畫架前慢慢修改，而非坐在扶手椅上希望船到橋頭自然直。

其實，當你開始任何計畫案時，也還不知道目標在那裡，為自己定一個寬限期，又會怎麼樣呢？1901 年威柏‧萊特說到：「50 年之內，人類還無法飛行。」結果他們兄弟倆進行了四次試飛，只不過 2 年，1903 年 12 月 17 日試飛的距離已從 120 呎

增加到 852 呎。相信終點遙不可及反而給人更為自由，更多探索的空間。定出期限的確可以嚴格考驗你能不能準時完工，不過對那些結果是未知的工作而言，限期壓力可能只能交出最低標準的成品。如果有人命令萊特兄弟必須在 1905 年飛上天，他們可能只會做出滑翔機。

　　訂出寬限期的策略，可能有助於「最低可行產品」（minimum viable product, MVP）的普及。艾瑞克‧萊斯（Eric Ries）在他的《精實創業》（*The Lean Startup*）書中描述，最低可行產品是潛在產品的最粗糙版本。製作 MVP 可以是測試和完成某個理念的極佳工具，但是 MVP 不是完美的成品，兩種東西不能相提並論，好比滑翔機不是飛機。為了確保成功，萊特兄弟製造原型並測試飛行器。他們允許自己失敗，以嘗試更大的目標：造出飛機。在連續測試和製作原型中，還必須有意識地保護探索和發明的空間，而不僅僅只是照章行事。

　　我的藝術家朋友柯林娜曾告訴我說，她離開工作室一陣子後，所有想做的東西都像個大計畫出現在腦海中。但是，實際在工作室時，她感覺自己在瞎混。變更期限讓你有更多實驗和學習的創造空間，延後批判讓你可以打混。

基地營 vs. 聖母峰

長期來看，我們很容易發現自己的判斷大有問題，我們曾經以為好或壞的東西也許後來正好相反。

貓王（Elvis Presley）曾經音樂課不及格，曾經只表演一次就被〈Grand Ole Opry〉電視節目開除；名嘴歐普拉（Oprah Winfrey）早年當電視主播也被開除過；佛瑞德．史密斯（Fred Smith）創立聯邦快遞公司的概念，來自於他在耶魯只拿到 C 的學期報告；麥可．喬丹（Michael Jordan）被高中籃球校隊淘汰；作家蘇斯博士（Dr. Seuss）的第一本書被拒絕了 27 次；影星佛雷．亞斯坦（Fred Astaire）第一次試鏡時得到的評語是「不會唱歌、不會演戲，有點禿頭，會跳一點舞。」

史蒂芬．金的第一本書《魔女嘉莉》曾被三十家不同出版社退稿。外界的批判很容易引發自我批判，不意外地，金垂頭喪氣地扔掉了書稿。後來，這份書稿被他太太從垃圾堆裡撿回來。同樣，出版社評估蘇斯博士第一份書稿《想起我在桑樹街見過它》時，也看不出《魔法靈貓》或《綠雞蛋和火腿》有什麼未來發展。就像哈波．李的人生經歷一樣，事後解釋總是比較容易。大藝術思考不只必須接納失敗或被拒絕的可能，也明瞭輸贏可能只是過程中的一部分。

當你身處創作的草叢中，特別容易誤認成功和失敗，或錯

估兩者的程度。Gmail 的發明者保羅・布克海特（Paul Buchheit）回想在 Google 工作初期的經驗，他說：「當年 Google 只是沒人聽過的新創小公司，我必須向大家解釋它就像只有搜尋功能的 Yahoo。而人們只會難過地看著我，好像在說『很遺憾你找不到正經的工作』。」

1915 年，英國第一海軍大臣溫斯頓・邱吉爾 (Winston Churchill) 被迫下台。這時他開始將繪畫當作興趣，並寫下〈把繪畫當消遣〉這篇文章。雖曾擔任各種公職，他仍不知道自己會在 1939 年再度擔任海軍大臣一職，並在隔年當上首相，成為二次大戰期間自由世界的英雄。邱吉爾很容易認為自己是失敗者，或悲慘地假設他將永遠失敗。以邱吉爾自己的說法，你不會知道「最好的時光」是何時。有時候，看起來像聖母峰的地方可能只是基地營；或像邱吉爾，看似墜落懸崖峭壁，卻只是大道上的小小失足。

即使攀上聖母峰的偉大時刻被記錄下來，事前卻無法指出它將發生在人生中的什麼時候。亞歷山大・葛拉翰・貝爾 29 歲發明

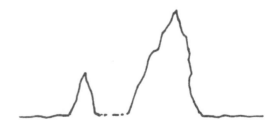

電話；魯絲‧韓德勒 43 歲設計出第一款芭比娃娃；露薏絲‧布爾喬亞 70 幾歲才以雕刻家身分在主流博物館參展；艾倫‧索金成為傑出劇本作家之前，是個失敗的演員；貝比‧魯斯也曾是個失敗演員；雷蒙‧錢德勒原本是石油公司主管，40 幾歲被開除後，才開始寫犯罪小說；編劇大衛‧賽德勒（David Seidler）60 歲時以電影《王者之聲》贏得奧斯卡獎後說：「家父總是說我會大器晚成。」

整家公司也可能身處草叢中。如果你在 3M 公司成立不久後即評估其成敗，你會看到他們錯買了明尼蘇達州一座礦場，以致於他們必須另找方法製造砂紙。1901 年 4 月 3M 公司股票上市時，每股定價 10 美元；到了 1904 年底，在「酒吧號子」（barroom exchange）的股價是「兩股換一杯酒，而且還是廉價威士忌」。當時你不會知道這家公司 100 多年後還在，更別說它在紐約證交所市值高達 8 百億美元。

2008 年 10 月，美國信用市場因為雷曼兄弟宣布破產和全球金融危機的影響而極度緊縮，尋找金融交易就像在平靜無波的海上衝浪。作家湯瑪斯‧佛里曼（Thomas L. Friedman）在紐約時報寫了篇社論，鼓勵銀行業冒點風險讓信用市場不致完全乾涸。他認為銀行有責任回應那些基礎良好但是尚未成功的企業在募資方面的需求。

佛里曼問，如果 1998 年兩個穿 T 恤的年輕人走進銀行，為他們命名為「Google」的所謂「搜尋引擎」這玩意申請貸款，會發生

什麼事？——「他們會叫你在電腦螢幕上的欄位中輸入任意字詞，接著按下標示『好手氣』的按鍵，然後馬上出現一堆相關的網站。」佛里曼想要說服銀行家們，對於來申請貸款的公司，不要不公平地比較其草創時期與後期狀態——如同卡特穆爾對皮克斯電影的看法，別要求剛出生的 Google 符合成年 Google 的標準。

草叢過程很普遍，我們現在看到的一切，都經歷過身處草叢的狀態。就像你所認識的每個人以前並不存在一樣，因為每對父母總得先在某時候認識彼此。除了少數例外，每個人獲得現在的工作之前，都先有應徵面試的階段。大型跨國企業執行長的第一份工作是什麼？你最敬仰的人第一份工作又是什麼呢？世界本身透過設定本初子午線而確立經緯度及時制，僅約 150 年歷史。我們視為理所當然的所有東西都是發明出來的：電話、網路、可口可樂。連我們拋棄的科技：八音軌錄音機、卡帶、隨身聽，也曾經在草叢中。

你可以花一天或一輩子，想像你現在所遇到的每一個成人小時候是什麼樣子，或想像你居住的地方在 300 年前、50 年前，或 5 年前各是什麼樣子。壯麗的曼哈頓島有一大部分是填海造陸而來的；波士頓除了曾是叛亂殖民地，也有一連串填海造陸的歷史；倫敦曾經每平方哩被六噸煤灰霧霾覆蓋，還有一條形同開放式下水道的髒河；你家附近的購物中心以前是草地或是新生地？在你曾待過的地方，你度過怎樣的人生？

教導商業規則時，我總是對於現今所使用的每個試算表工具感

到驚訝又振奮，幾十年前或幾百年前就有的報表和簿記，現在被轉換成全新的概念。要記住，這些概念都是發明出來的，這讓你自己的思考方式有更多創意彈性的空間。

成功的要件是記住別人也曾置身草叢，並且在過程中培養冥想洞察和繼續前進的能力。置身草叢的關鍵之處未必在於做法上有何改變，而在於不同的思考方式。不管別人外表看來怎樣，他們也都在身處草叢的過程中。如果他們不在這樣的過程中，他們可能是卡住了。人生就是置身在草叢中。

好眼力！

詩人瑪麗・奧利佛（Mary Oliver）曾經寫道：「這是我知道最早、最瘋狂和最聰明的事：靈魂存在，而且完全由專注力構成。」富有詩意地形容這句話就是：專注力構成我們的靈魂；而務實地從經濟角度來說，專注力是我們所擁有最稀有的資源。

專注力是置身草叢時的生產動力，它使你聚焦在作品本身，而不會想立刻跳到終點。置身草叢可能讓你覺得焦躁難安，當你不確定未來方向時，你很難專注在作品上。留在畫架前是完成作品的唯一辦法，而專注力讓你做到這件事。

1974 年，佛教僧侶釋一行（Thich Nhat Hanh）被某個越南

學校的員工來信詢問關於冥想的問題。釋一行在 1960 年代創立青年社會服務學院，以教導「入世佛教」。該校畢業生進入俗世並嘗試用慈悲的行為讓交戰派系和解。他們的方法遭到誤解，一些佛教徒因此被綁架殺害。釋一行收到信時正流亡至法國，他回了一封簡單親切的長信，這封信被莫比‧侯（Mobi Ho）翻譯出版成《正念的奇蹟》一書。

在特別相關的段落中，釋一行寫道：「洗盤子有兩種方式。第一是為了有乾淨盤子而洗，第二是為了洗盤子而洗。」專注力就是為了洗盤子而洗的行為——全心投入並對站在水槽邊滿手泡沫的部分保持好奇，而非一心一意地想像所有盤子都已經洗乾淨的未來。

「正念」（mindfulness）一詞本身可能嚇退某些人。ABC 記者丹‧哈里斯（Dan Harris）在《快樂，多 10% 就足夠》一書中整理自己探索冥想的過程，他認為俗世之所以有「巨大的公關問題，主要是因為重要的倡議者講起話來彷彿隨時有排笛在旁伴奏。」對某些人而言，「冥想」一詞聽起來自有一套傳統：它有一套正確做法，並且若你照章行事，它就會為你帶來明確又真實的好處——但這樣的觀點全都跟正念本身的實際概念相反。

我認為正念就好比那些關於禮節的老派忠告。1926年，卓布里吉（Una Troubridge）夫人在《禮儀之書》中寫道：「若你真正認識理解社會規範，你會知道為了遵守更大的法則，何時可以違反它們而不受懲罰。例如仁慈法則，在特定場合中，有時違反禮儀規範比遵守禮儀更受讚許。」如果坐在你旁邊的人，意外地喝掉了洗手碗的水，正確的反應不是告訴他們實話，而是也喝掉你的洗手水。禮儀的目的是讓人能自在相處，而不是強迫大家遵守規定。同樣的，正念是一種矛盾修辭法，它的目的不是強推死板的冥思方法，而是創造持續思考的習慣。實踐的精神比規則本身更重要。

我所謂的專注力（Attentiveness，你可以稱它正念），是讓你同時保持清醒和做你自己。這樣一來，即使有身處草叢的弱點，它仍然是個能讓你保持腳踏實地的好工具。

專注力是一種玩耍和參與的有機行動。就像上一章說的以利亞空椅，是保留空間的方式。你的冥想方式可能是休息一下去運動，或暫時清空你的思緒。醫師克里斯多夫・舒茲說他透過划船來冥想，他又指著一瓶醫療用洗手劑說，如果他盯著瓶子30秒，也同樣能感覺到專注和冷靜。

暫停的那一刻，象徵存在卻不做任何事的行為，代表看見且接納事物的現狀，即使現況不佳。暫停一下使得創意的彈性能保持穩定和開放，在你還不太清楚未來方向時能幫你發揮較完整的潛能。

過去 10 年來，正念行為已經風行全美各企業。為推廣冥想而提供課程或完整計畫的公司包括蘋果、Nike、Google、目標百貨、麥肯錫、德意志銀行、通用磨坊、高盛和 HBO。美國百大企業安泰（Aetna）保險集團的總裁兼執行長馬克・貝托里尼（Mark Bertolini）在 2004 年發生瀕死滑雪意外後作出的改變之一，就是開始提供正念冥想課程。

　　近幾年內，1 萬 3 千名安泰員工參與了瑜珈和冥想課。因為安泰是健康管理事業，公司開始進行實驗來研究冥想的效果。他們把 239 名自願員工分成三組：一組練瑜珈，一組上正念課，一組當作對照組。3 個月後，持續練瑜珈或正念冥想的員工的壓力知覺程度明顯降低。

　　2015 年 1 月，貝托里尼將公司的最低工資從每小時 12 美元漲到 16 美元。他把這決定歸因於湯瑪斯・皮凱提（Thomas Piketty）的《二十一世紀資本論》。他也把創意風險管理的能力歸因於自身的冥想體驗。

　　1980 年代末期，一位名叫瑪莎・林納涵（Marsha Linehan）的心理學家，採用正念作為認知行為療法（CBT）的框架，一方面證實專注力的重要，一方面也回頭檢討人際關係。林納涵的辯證行為療法（DBT），則運用正念去發現思想模式中的扭曲，例如將單一事件上綱到普遍性毀滅，然後用認知行為療法重新鍛鍊心智。

正念療法的起點之一是訓練「好眼力」（good noticing）的習慣：你鼓勵自己注意並確認在生活中、工作中、工作室時間裡，及草叢探索中所發生的任何事，無論多麼令人失望的消息，它都能讓你建立與自身經驗的親密關係。「好眼力」不是抗拒事情本身，或對過程煩躁想要趕快跳到結果，而單純是為了讓你自己在作品上的專注力能夠達到正增強的效果。照正念大師塔拉‧布萊克（Tara Brach）的說法，「好眼力」讓你練習「徹底接納」所發生的任何事。

事實上大多數創作過程充滿失敗，但沒有關係。好眼力可能讓你在某一天突然發現自己做很久的事情行不通了，那麼你就必須推翻它重新開始。很少有人討論這麼做到底有多重要——把東西剪接掉和將它放進電影裡一樣重要。置身在草叢中，你必須能夠全心投入你的創作，若有必要，你也必須改變方向繼續前進。

你可以開始注意這些專注力的線索，並一路學習許多領先創意思想家的做法。傳奇電視編劇兼製作人諾曼‧李爾（Norman Lear）形容他工作的心理習慣是「結束和下一個」。從外表看來，我們知道李爾製作了很多火紅的、改變了主流文化和電視業本身的節目，像是〈全家福〉和〈傑佛遜家族〉。俯瞰整個電視史，李爾就像從飛機窗戶向外看到的燦爛城市一樣。但李爾這個人跟我們一樣，必須努力克服置身草叢的過程。他製作過火紅大作，也曾有過播出幾集就被腰斬的節目。他會告訴你對於那些

被腰斬的節目，他喜歡它們哪一點。他的女兒凱特形容他是「用同樣心態走過人生高峰和低谷」的人。

李爾是這樣描述他內心的羅盤：

無論一件事曾經多棒，當它結束時，它最好毫無遺憾地結束，因為下一件事馬上就要開始了。事後反思，我想像在結束和下一個開始之間有張架起來的吊床，然後發現：那就是活著當下應該奮鬥的所在。

架著的吊床就是真正發生創作的空間，那就是你想要找的，純粹探索和製作東西的地方。

置身草叢中的關鍵收穫就是跟你自己的想法和樂相處，「好眼力！」就是讓你和想法和樂相處的好方法。即興表演中只說「對，但是」而絕不說「不」的習慣也很有幫助。用「好眼力」確認你的任何想法，或用「對，但是」去架構你的想法。你的想法就像某位難搞的親戚，你越少批判越放任它，它會更好相處。想要迴避某些想法，只會讓它更棘手。即使是正面的想法，讓它變得棘手，都有可能成為你前進的阻礙。

最終，和你的想法和樂相處，表示你正採用明辨而非批判的心態，試著將你的想法視為一種學習的機會，而非僵化的觀察結果。長久下來，批判好壞的內心聲音會逐漸止息，讓你得以繼續前進。

長期曲線

在草叢中的最後一項工具是逆向分析你的觀點——找個成功的事件展開它的長期創作曲線。例如先前曾談過保羅・布克海特建立 Gmail 平台的過程——展開觀察其身處創作草叢的每一天，看看它是如何成功的。布克海特的 Google 同事克里斯・魏瑟瑞（Chris Wetherell）形容這過程：「你能想像這搞了 2 年嗎？……不見天日。很少意見回饋，而且很多介面重疊，非常多。有些糟到讓人不禁心想：『這永遠無法上市，真是史上最糟。』」

像紐約馬拉松大賽這種複雜的大型活動，同樣能追溯其混亂的草創時期。2015 年，紐約馬拉松吸引了將近五萬名跑者、一百多萬名觀眾、一萬名志工和 175 個紐約路跑協會員工。活動用掉六萬多加侖的水和三萬多加侖的運動飲料，並捐出了二十萬七千磅的二手衣物給慈善團體。但倒帶回 1976 年，紐約馬拉松路線貫穿紐約市五個行政區的第一年，看起來是這樣的：

兩千名跑者，包括演員詹姆士・厄爾・瓊斯71歲的父親羅伯特，以及後來在2013年從古巴游到佛羅里達州的黛安娜・奈德（Diana Nyad）。

你會看到當年波士頓馬拉松三屆冠軍比爾・羅傑斯（Bill Rodgers），穿著借來的足球短褲衝過終點線，只因他將賽服忘在家裡。你也會看到羅傑斯向活動創辦人佛雷・勒波（Fred Lebow）借了100美元，因為他的車子在比賽期間被拖吊了。你會看到所有跑者填寫新的報名表，因為當年最新的電腦報名系統負責人被女朋友趕出門，她拒絕交還被當作人質的表格。你還會看到勒波親自開著他的飛雅特X19去機場接奧運選手法蘭克・修特（Frank Shorter）。

如果倒帶更久到1970年只繞著中央公園跑的第一屆紐約馬拉松，你會看到一位名叫蓋瑞・穆克（Gary Muhrcke）的消防隊員贏得價值10塊錢的手錶和一座舊保齡球獎盃。繼續倒帶，1970年在布朗克斯區的櫻桃丘你會看到勒波第一次跑馬拉松，他像大家一樣，穿著「看起來很瘋狂的長褲和高領毛衣」，手裡拿著的不是主辦單位發的水，而是某位觀眾幾乎每圈發一杯的波本酒。

置身草叢中的所有片段湊在一起，就成為一部概念成形影片，在很長的時間曲線上一步一步地前進。

去別處的途中失敗

　　創作的途中，你可能在一開始設定的目標上失敗，卻在別處成功。寫這本書時，我為了研究哈波・李的經歷，旅行到她的故鄉阿拉巴馬州門羅維爾市。那是個5月的週末，城裡按照每年慣例，在市中心廣場法院旁的草地上演《梅岡城故事》。我後來暱稱那趟旅行為「跟蹤哈波・李」的人生冒險——直到我明白雖然帶點戲謔意味，它卻是個「嚴肅遊戲」：上一個這麼做的人搬到她隔壁了呢！相對的，我的投資程度只有打個電話到當地歷史學會訪談一位叫唐恩的女士，並弄丟了她的電話號碼後發現這個六千四百人的小鎮竟然有三個唐恩，最後幸運又碰到她：因為她在法院外賣檸檬汁。

　　此行的目標若是親自見到哈波・李，我失敗了。但發生的其他事情使我對該鎮有了意外的體驗：它們賦予我參與感。

　　我不曾在 Piggly Wiggly 超市的麥片走道上巧遇哈波・李，但卻跟在野台戲中飾演康寧漢先生的當地獸醫「醫生」混了一陣子。他和演員同伴們聚集在「後台」——一個格子花紋的木箱，它旁邊有個兼作吧台的深綠垃圾桶，我也陪著站了一會兒。在他們上台之前，我們分享一瓶金馥香甜酒。公演的第二晚，我成為臨時演員，戴著蘇格蘭圓帽在一輛福特 Model- A 卡車後面走來走去。我也參加了衛理公會的野餐，還在變成朋友的檸

檬汁攤販唐恩家中沙發上睡覺。我在農舍吃午餐，也和楚門‧柯波帝的一位表親在農場上散步，並認識了飾演阿提克斯的銀行經理，以及飾演布‧拉德里的警察和兩位飾演童子軍的女孩。

就像任何的人生冒險或創作過程一樣，這些事都發生在規律的日常生活中：開車從我的汽車旅館外經過他們稱作 Wally World 的沃爾瑪大賣場，看著唐恩冰塊用完，被她富有幽默感及抱負的朋友開玩笑說：「市議員選舉落選最糟的一點，就是得交出製冰機的鑰匙。」從這一切事情看來，我原本的目標雖然失敗，實際發生的事卻是有趣得多。

任何真誠的嘗試都可能沒沒無聞，永遠沒有重大的成果。實驗室科學家也是如此，光是證實探索中的某個領域是條死胡同就很了不起了。整個生涯中，在有所突破前的艱困歲月其實和發現新東西後差不了多少。即使真能有突破的一天，也很容易看起來像是預料中的結果。因為大腦不喜歡認知衝突，人性追求連貫性，這讓人很容易將發生的任何事情看作是早在預料之中。1955 年的無名小卒哈波‧李，理所當然地會成為 1961 年的名作家哈波‧李。

冒險進行一個沒有已知實證對策的計畫在商業界很罕見，漸進式的改進比較吸引人。但是，確定的小贏卻可能是大收穫的敵人。提出宏觀問題雖然帶來風險，但也可能出人意表。發明家巴克明斯特‧富勒（Buckminster Fuller）說過：「我經常

打算去別處，卻發現我真正該去的地方。」

只有改變我們和批判及過程的關係，才能開創可能性——不是必然，但有時候是。我們人人都可能是優秀的運動員，對開放和彈性保持包容才能讓我們的力量變得更強大。

一旦你接受置身草叢之中的優勢，或簡單來說，不管如何這就是我們的現狀，下一個選擇就是如何導航。置身草叢中，你最棒的導航工具，就是如燈塔般指引你前進的問題。

第三章
走向燈塔

尋找你自己的燈塔,提出任何可能驅動你
通往目的地的問題。

只要努力是絕對真實又完整的,失敗看起來也像成功
一樣刺激。

——羅傑·班尼斯特爵士,《最初四分鐘》

大藝術思考的框架迄今是從拉遠鏡頭看見整體而開始。整體來看，零碎的工作室時間給了你空間去進行結果開放的創意企畫。從內部看來，這種工作可能讓人感覺混亂、脆弱、不確定，又很難在結構化、績效驅動的職場文化中進行分析。即使你與這種不確定性和解，並針對自己在工作過程中容易犯錯的判斷力，設法培養出太陽馬戲團般的彈性，你如何決定要繼續做什麼？你如何進入發明 B 點的起始路徑？

大藝術思考的本質是問題導向，不是解題導向；它的重點是推動可能性前進，它的動作像波浪，而非飛箭（如果你暫停下來想想，會發現波浪比箭強大多了）。引導問題是藝術作為過程的要點。商業有效進行；藝術發出疑問。商業命中目標；藝術發明讓目標存在的世界。

依此脈絡，運動員成功的故事真的可算是一門藝術。壯舉可以來自可能性問題並開啟一個世界，卻又在不久後被超越。

1954 年 5 月 6 日，在牛津大學伊夫雷路田徑場，羅傑・班尼斯特成為現代紀錄史上在 4 分鐘內跑完一哩的第一人。班尼斯特不是專業運動員，而是利用午休時間練跑的神經科醫師訓

練生。當年，人們以為在生理上絕不可能那麼快跑完一哩。

在 1860 年代，「近乎超人表現」的黃金標準是 4.5 分鐘。到了 1940 年代，4 分鐘跑一哩成為神話般的地位。障礙似乎源於自然法則——因為 4 分 1.4 秒的世界紀錄維持長達 9 年。1950 年代初期，有三個跑者開始競爭打破一哩障礙——班尼斯特、美國人桑提（Wes Santee）和澳洲人約翰・藍迪（John Landy）。那 1.4 秒像水泥牆一樣難以撼動，然後班尼斯特出現——帶著他那「引擎室般的胸膛」和「超廣大步伐」，可能性就此被改變了。

1954 年 5 月那一天，班尼斯特的朋友諾里斯・麥克惠特（Norris McWhirter）用冗長的搞笑式開場白宣布比賽結果：

各位女士先生，以下是第九號項目，一哩賽跑的結果。冠軍，41 號，代表業餘運動員協會和艾克斯特莫頓學院的 R. G. 班尼斯特，打破了紀錄。在正式認證之後將成為英國本地人、英國籍、英國參賽者、歐洲、大英帝國和世界的新紀錄。時間是 3——

歡呼聲淹沒了他，B 點世界就此誕生。班尼斯特跑出了 3 分 59.4 秒的成績。

一夜之間，班尼斯特成為國際運動明星，至今他仍是英國最有名的運動員之一。班尼斯特成就的奇特之處，在於他的紀

錄只維持了 45 天。他跨越高牆，終於達成了似乎不可能之事，然後別人——澳洲的約翰‧藍迪，旋即跑出 3 分 58 秒整的成績。

班尼斯特相信一件事有可能，並且做到了。他走進未知讓它廣為人知，他把看似非人的壯舉放進了事實的領域。總是可能有班尼斯特以外的人能做到這件事，不管是藍迪、桑提，甚至路易‧贊柏里尼，若不是他的跑步生涯在 1930 年代被戰爭打斷的話。我們都深受情境影響，也因為競爭而進步。

但是，這個故事引出更大的疑問：像班尼斯特那樣相信某事有可能並且實際做到，或像藍迪那樣知道事情確實可能並且做得更好，中間有何差別？兩人都贏了比賽，也都創造了世界紀錄，但只有班尼斯特發明了 B 點世界。

不靠地圖導航

如果你像班尼斯特一樣嘗試做沒人做過的事，無跡可循，沒有地圖，你要如何導航？前進之路就是找出能驅動你通往可能性的問題。這些問題就像燈塔，它們採取最基本「如果做到不是很酷嗎？」或「這有可能嗎？」的形式，幫你透過更寬廣的可能性開路前進。當突破發生，你的成功看來或許像是早有定論，但卻不然。你的燈塔問題保留了不具根據的信念空間，連發問都需要日常的勇氣。

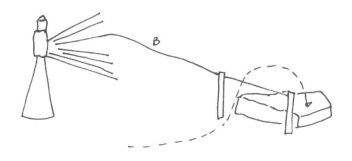

　從我們的立場看來，好像班尼斯特的訓練有目標然後達到它。在某些方面，故事就是如此簡單，除了在 1954 年初，跑得如此之快其實是信仰問題，而不是既定事實。在那時，4 分鐘內跑完一哩這回事，就像地球是平的一樣離譜。至少，它們同被證明其不可能性。1942 到 1945 年，兩個瑞典人根德‧黑格（Gunder Hägg）和阿恩‧安德遜（Arne Andersson）不斷地互相賽跑，彼此爭奪頭銜。1942 年他們以 4 分 6.2 秒平手。到了 1945 年，黑格把紀錄縮短到 4 分 1.4 秒——此紀錄從 1945 年維持到班尼斯特在 1954 年創下的歷史時刻。

　班尼斯特成長過程中是個害羞的孩子，8 歲放學回家時都跑步來迴避社區的惡霸。10 歲時正值二次大戰期間，他聽到空襲警報聲就跑步尋找掩護。之後他全家搬到巴斯逃避倫敦大轟炸，砲彈落在他家造成屋頂崩塌迫使他們必須逃走，他又跑了一次。班尼斯特 11 歲時，他參加學校的年度越野賽跑得到第十八名。翌年 12 歲時，他贏得冠軍然後一路贏到畢業。

1945 年，班尼斯特的父親帶他到倫敦的白城體育場，欣賞瑞典「6 呎巨人」阿恩·安德遜和英國選手「小旋風」悉尼·伍德遜（Sydney Wooderson）的大對決。那是二戰結束後的第一場國際賽跑，班尼斯特很著迷。

班尼斯特提早一年申請大學，他於 1946 年秋天進入牛津就讀。抵達校園後，他做的第一件事就是丟下行李前往田徑場。他從未在跑道上跑過，沒找到管理員，他就走了。幾天後，他說服一個身材像健壯划船手的同學陪他去。他們跑完之後，管理員走過來誇獎班尼斯特的同伴步伐很有力。1930 年代在牛津求學的知名紐西蘭選手傑克·拉夫洛克（Jack Lovelock）也有同樣精壯的體格。管理員轉向班尼斯特說：「恐怕你永遠沒戲唱了。你沒有適當的體力和體格。」

雖然班尼斯特喜愛跑步，相對來說那也是個體育並未成形的時代。1954 年全英國只有 11 座田徑場。相形之下，芬蘭有 600 座之多。班尼斯特跑步看起來像輕巧的蜻蜓點水。當班尼斯特受邀參加牛津的三流培訓隊，陸軍上尉出身的隊長——在 1946 年有九成大學生是退伍軍人——像是名叫艾瑞克·麥凱（Eric Mackay）的老菸槍。事實上，聽說麥凱比賽中會請朋友在三哩賽程的兩哩半處遞給他一根點燃的菸。

班尼斯特嘗試 4 分鐘內跑完一哩，也持續過正常生活，比較像克拉克·肯特而非超人。現在我們很容易神話般地屏息述

說班尼斯特的故事，但我疑惑當年對此是否有一樣的感覺。事實上，1950年代住在阿肯色州、對誇張修辭過敏的我老媽說過，班尼斯特的跑步在當年確實有種神話般的氣勢，她記得追蹤新聞報導，眼見破紀錄時的驚嘆。這代表了人類壯舉的疆界。

那個疆界最有趣味的是人性部分。班尼斯特以凡人身分住在伯爵府（學生聚居區）附近的地下室小公寓裡。他很難找到時間洗衣服。他自己煮，通常是燉菜，搭配醃鯡魚補充蛋白質。他的工作很累人。他靠獎學金在帕丁頓區的聖瑪麗醫院讀書。用任何方式在醫院裡摸魚打混似乎是難以想像之事。

班尼斯特是英國傳統「紳士業餘者」的一員，參與運動純粹是出於喜愛。班尼斯特說過：「大學運動員是最早和最主要從事運動而不受其奴役的人。他們會喝啤酒，心情好才聽從教練的話。」班尼斯特感覺社會風氣「造就了足以讓他們達成均衡生活的人格和決心……並且成就了能忍受第一線競爭壓力的人。」從班尼斯特完成醫學訓練的醫院走到田徑場，他會精確計時，跑完練習、回來、吃個三明治，全在午休時間內完成。

到1953年，班尼斯特認真考慮放棄跑步。他參加1952年奧運大受挫折。他很投入醫院工作，而跑步占用他太多時間了。有2個月期間，班尼斯特內心掙扎是否放棄。結果，他決定再給自己2年時間（請注意上一章說的訂出寬限期的工具）。

1953 那一年，艾德蒙・希拉里爵士（Edmund Hillary）爬上了聖母峰。他成功的新聞在伊莉莎白女王加冕前夕傳回英國。對跑者而言，一哩 4 分鐘在當時似乎就是他們的聖母峰。如同班尼斯特在他 1954 年著作《最初四分鐘》寫道，一哩障礙是「對人類精神的挑戰。這個障礙似乎能抗拒所有突破它的企圖，令人討厭地提醒我們：人類的奮鬥可能只是徒勞。」4 分鐘一哩是個同時需要想像力與努力的障礙。

班尼斯特沒有嘗試獨力打破這障礙。他和兩個朋友，克里斯・布拉舍（Chris Brasher）和克里斯・查塔威（Chris Chataway）一起訓練。計畫是布拉舍在第一和第二圈陪班尼斯特跑，然後查塔威在第三圈陪跑，接著班尼斯特自己跑完最後的第四圈。班尼斯特以終點衝刺聞名，陪跑能防止他跑太快，維持穩定速度直到最後一圈。班尼斯特醫師後來解釋說，一哩賽跑的訣竅就是速度要一致：速度變化越大，跑者越費力。目標是以固定的速度跑到最後剛好精疲力盡。

1954 年 4 月，班尼斯特、布拉舍和查塔威把紀錄縮減到相當於一哩 4 分 4 秒，但他們無法再快了，於是他們決定休息一下。布拉舍和班尼斯特開車去蘇格蘭，陪朋友摩爾醫師爬山，摩爾醫師開一輛改裝的亞士頓馬丁賽車上山。身高 6 呎 1 吋的班尼斯特一路都躲在座位後的行李廂裡直到蘇格蘭高地。他們爬山時，布拉舍跌落，繩索救了他，嚇得他們直呼幸運。這次休息發揮了效果，他們回家之後，跑一哩的時間縮減到 4 分鐘左右。

隨著比賽日接近，日常生活和重大期望的落差越來越大。5月5日，在班尼斯特打破一哩障礙前一天，他在醫院剛打蠟的地上滑倒。5月6日，比賽日當天的天氣即使以英國標準來看也很糟糕。班尼斯特去醫院磨尖他的新釘鞋。在班尼斯特說他的鞋子只需穿一次之後，高山登山家尤斯塔斯‧湯瑪斯（Eustace Thomas）告訴班尼斯特如何弄到4盎司重而非通常6盎司的跑鞋。

出於幸運，當天去牛津的火車上，班尼斯特巧遇朋友的教練——法蘭茲‧史坦普（Franz Stampfl）。 史坦普是個傳奇人物。希特勒掌權時他從奧地利逃到英國，然後以「外國敵人」的身分去澳洲實習，途中遭遇船難，在北海游了8小時後撿回一命。在火車上班尼斯特告訴史坦普，天氣實在惡劣到令他考慮放棄比賽以保留體力改天再試。但史坦普說服他去試試，史坦普在班尼斯特腦中灌輸一個具體的問題：「無論如何，萬一這是你唯一的機會呢？」

賽跑安排在傍晚6點，班尼斯特、布拉舍和查塔威說好等到5點過後再決定要不要放棄。班尼斯特和當天在火車站巧遇的大學朋友查爾斯‧溫登（Charles Wenden）一起度過下午時光，對方用妻子艾琳和小孩費莉希蒂和莎莉的家常瑣事一直纏住他。

抵達田徑場暖身時，班尼斯特還是不確定自己要不要上場。暴風雨逼近，甚至出現了彩虹。直到賽前幾分鐘，班尼斯特還

是認為他不要試了。然後，當他們走進起跑區時，班尼斯特看到附近教堂的旗子在風勢暫停時垂下來。他示意他們要試試。雖然起步不順，但是風勢暫停，他們決定上了。

整場比賽有段新聞影片流傳下來，內容顯示查塔威、布拉舍和班尼斯特和三個其他競爭者同時起跑。布拉舍和查塔威左右護衛著班尼斯特，他們身穿白背心和運動短褲，速度快得彷彿是重複播放灰色大衣和褲腳的靜止背景。影片從田徑場中央拍攝，令人有些眼花撩亂。他們的姿態相當輕鬆，節制的速度讓人誤以為不像有賣力似地。班尼斯特保持雙臂收近，他的步伐又大又快。

我撰寫班尼斯特中途才發現那部影片，我天天看，重複看了一星期。它漂亮得像圖畫，像描繪人類奮鬥過程的肖像畫一樣美麗。裡面顯示人們從平凡的情境起步，竭盡全力嘗試比自身境地更偉大的事情。在過程中，你幾乎看得到他們累積多年的練習和他們的深厚友誼。

在第一圈，布拉舍無視班尼斯特大喊「快點」，維持在每圈 57.5 秒的速度。「有他才有可能成功」，事後班尼斯特感激地寫到布拉舍堅持的步調。當查塔威在第二圈上前帶頭陪跑，可以感覺到他清楚的責任心。班尼斯特相信他們，完全地仰賴他們。班尼斯特在最後一圈起始處超越查塔威，在這時刻你會看到一個已經使出全力竭盡所能的人。

回顧那一哩的最後 100 碼，班尼斯特說：「唯一的現實是……跑道在我的腳下。終點線代表完結——或許死亡。我在那一刻感覺到那是我做出非凡之事的機會。」班尼斯特衝過彩帶之後差點癱倒昏迷。他的父母瞞著他來觀賽，他們來到史坦普扶著他站立的田徑場上。

整個故事最美麗的部分之一是，除了班尼斯特是醫師兼選手的通才外，他與孤獨藝術天才的迷思相反，是在朋友協助下才得以成功。「最初四分鐘」是個涉及多人合作和具備策略的行為。班尼斯特最明顯的合作者是布拉舍和查塔威，他的陪跑人兼訓練夥伴，此外還有很多其他合作者。在剛打破一哩障礙那一刻，班尼斯特即使雙腿發軟情緒激動，仍立刻尋找布拉舍和查塔威一起勝利繞場。沒有他們，他絕對不會成功。

從 SMART 目標到 MDQ

事後回顧，打破一哩障礙看似目標而非問題，其中的差別模糊但很重要。很多管理方法是根據目標——可量化單位和結果導向可達成之事。所謂 SMART 目標，常被視為管理學大師彼得·杜拉克（Peter Drucker）所提出，它是「明確（specific）、可測量（measurable）、可達成（achievable）、務實（realistic）和有時限（timebound）」的頭字語。

SMART 目標看似簡單的工具，卻反映出「未來回應明確、可知之計畫」的信仰系統。SMART 目標的缺點，是它們限制了你對未來可提問的問題範圍；它們不留什麼空間給困難的問題，或龐大驚人的大膽目標。SMART 目標或許有助於完成事情，像是報稅，但大藝術思考需要不同類型的動力。你也許可以設定一個過程主導的 SMART 目標：決心每天都要從事研究或訓練。SMART 目標可以建構第一章提到的「工作室時間」，幫你立定習慣。

但你無法為 4 分鐘障礙這種事設定一個 SMART 目標。再怎麼說，嘗試打破許多人認為自然法則的事情並不務實。要探索 B 點的可能性，你需要一個能拉著你前進的問題，因為你的方向是更難以想像的。問題的動力未必是來自表面的細節，而是潛藏著的深層動機。

依此看來，燈塔問題類似 MDQ——亦即電影中的「重大戲劇性問題」。電影劇本有兩個主導問題：情節問題和深層的 MDQ。《當哈利遇上莎莉》中，情節問題是：哈利和莎莉之間會發生什麼事？MDQ 則是：男人和女人真的能當朋友嗎？在《哈利波特》系列電影中，情節問題是：哈利會打敗佛地魔嗎？MDQ 則是：善良能否勝過虛名和邪惡的平庸？以及，哈利能否既平凡又非凡？

對班尼斯特而言，情節問題是：「他會在伊夫雷路田徑場跑得夠快嗎？」MDQ 則是：「人類能夠跑得那麼快嗎？」甚至

是：「人類能力的疆界比我們所知的更廣大嗎？」MDQ像座燈塔，是地平線上的導向點。當它被回答，整個新世界就會展開。

物質世界中的燈塔，是長距離外即可看見的地上烽火台。電影中的MDQ，則是故事表面下的強大水流。有時候你的燈塔問題可能就這樣子被隱藏。它對你而言，可能基本到在不知不覺中就拉著你亂跑。把目標感帶進意圖的覺察中，可給它更多力量。無論你知不知悉，這些問題都可能決定你人生故事的架構和你組織的路線。

班尼斯特有個燈塔問題，不表示他或任何人都能保證成功。我們知道他的故事是因為他沒有失敗，否則1950年代初期他的午休跑步時間，可能只會落入隱晦的個人歷史之中。他人生的藝術性在於他徹底地全力投入，同時也像世人一樣工作、交朋友、約會、忍受挫折、偶爾走運。如同第一章的佛加提與他的球囊導管和第二章的李與訂位員工作，班尼斯特的成就來自他整個人生。班尼斯特總是說他一生最驕傲的貢獻，在於神經學和他的家庭。

燈塔疑問的起源典故

　　藝術學院畢業之後幾年間，我開始看到在自身領域有所成就的朋友，掙扎地發現他們的人生是他們沒打算詢問的問題的答案。我剛開始教經濟學時，打電話給某位朋友——我們姑且稱他為班，幫我理解所謂的移轉訂價。移轉訂價（transfer pricing）是企業組織的內部市場架構，是跨國公司在低稅率國家用來轉移利潤的工具。在眼花撩亂地研究完國際稅務策略後，他對我說：「你知道嗎，我其實一直想當室內設計師。」然後頑皮地大笑。

　　兩難的答案不是說班應該辭掉稅務策略師，去當室內設計師這麼簡單。這兩個領域有很實際的差異，酬勞只是其中一種。更有趣的是嘗試去發現這兩個領域吸引他的潛在原理，以便他找出燈塔問題，在兩者間的灰色地帶更妥善地導航。

　　人們有半隱藏的興趣並不罕見，即使是我訪談過的藝術家，他們能做出美好的創意作品，但你若用坦誠開放的方式和他們對談 20 分鐘以上，他們會說「你知道嗎，我私下一直想做我沒做過的計畫。」專注在你最在乎的事物可能很難，即使對將自我奉獻給「藝術家」頭銜、既專業又經常作重大財務犧牲的人來說也一樣。在某些方面，我們都可以當一個將開場白隱沒在自己人生故事中的記者。

知道你的燈塔是發現你隱藏興趣的方法。不是選擇一條安穩道路，像是成為銀行員或瑜珈老師，室內設計師或移轉訂價專家，而是比起你相信什麼、適合什麼工作的想法之外，更為深層地去理解自己。燈塔問題是你真實的自我，也是如何在世界上自我表達的試金石。

無論班尼斯特的內心有什麼理由，無論是他童年跑步逃避惡霸或1945年目睹安德遜和伍德遜在白城競爭的體驗，他最終選擇投入與4分鐘障礙搏鬥。他的燈塔問題有「這可能嗎？」的故事架構。許多燈塔問題可以歸結於常見的共通點，就是證明某件事是可能的，或去問「如果……不是很酷嗎？」

燈塔問題對人們、組織和整個社會運動而言，可能是更特定的形式。它們可能是衍生自你工作的領域的特定學科：科學、保全、貿易、教育、育兒，諸如此類；也可能是一種隨遇而安的創意版本，具體地用以回應當下情境。

我們接下來會看到，先驅電腦程式設計師惠特菲爾德・迪菲（Whitfield Diffie）體現特定學科的燈塔故事，和名叫露薏絲・佛羅倫科（Louise Florencourt）的律師說明出自責任、能力和情境的隨遇而安式燈塔路線。

惠特菲爾德・迪菲在1970年代發明了公鑰加密法，大幅改變了電腦解碼工作。他把密碼分成兩組鑰匙，一個公開一個私

密，必須同時運作才有作用。他和馬丁・赫爾曼（Martin Hellman）研發的這項科技，是網路隱私權的堅實基礎。在《Wired》雜誌和著作《Crypto》中描寫過迪菲的史蒂芬・李維（Steven Levy）說「分割鑰匙」是「文藝復興時代以來，最革命性的加密概念。」

就像班尼斯特・迪菲的貢獻始於他自己特殊的經歷。他直到 10 歲才會閱讀，費力地讀完整本名叫《太空貓》的書。他的五年級老師柯林斯小姐上了一堂解碼課，而他的燈塔問題在此時期開始生根。迪菲很入迷，要求他在紐約市立學院任職的父親，為他借來圖書館裡所有關於密碼學的書，無論是適合小孩或成人的。迪菲把那些書全都看完了。

我們可能都認識像迪菲的人——對自己與生俱來的興趣堅持不懈，對規定的課程卻缺乏耐心。迪菲是個被動的學生，但在標準考試中的成績好得出奇，並申請到了麻省理工學院（MIT）。他對密碼學的興趣，就在這樣特殊的背景中開始成長。

1965 年迪菲從 MIT 畢業時，寫電腦程式比起純粹追求數學本身，依然被視為庸俗的暴發戶一般。那年，史丹福大學剛剛成立電腦科學系。同時，網際網路的初步發展和美國政府的隱私政策，對保護隱私的重要性帶來重大的助力。

迪菲原本在政府管轄的 MITRE 公司做電腦程式和研究工作，以避免被徵召去打越戰。美國國防部的先進研究計畫署（ARPA，後來改稱 DARPA）剛打下網際網路的地基，實驗性的 ARPA 網域使用封包交換，並透過電子網路連接許多家研究型大學。這個網際網路的前身，在 1960 年代被預見及測試，並於 1970 年代初期實際建構出來。

當時美國的電腦科學和密碼學研究，沿著研究者本身是否決定與國家安全局（NSA）合作的斷層線分頭進行。國安局提供 IBM 等公司一個魔鬼協議：和我們合作，我們會分享所有的最高機密研究給你，但你永遠不准發表後續自己發現的任何東西；或者，你獨立作業且不准使用我們已經知道的知識。

迪菲沒接受這個協議。事後他說：「我一向認為一個人的政治和特定工作上的人格是分不開的。」迪菲的燈塔問題從他的興趣、天賦和情境的特性中浮現出來。照他妻子瑪麗·費雪的說法，他的 MDQ 是：「你如何在充滿不可信任之人的世界上與值得信任的人往來？」這個問題也拉著他前進。

迪菲另闢蹊徑。他成為逃兵研究員,開著幾輛不同款式的Datsun 510 汽車輾轉流浪全國,閱讀所有找得到的密碼學書籍,和一些神祕人物見面,當時迪菲的未婚妻瑪莉・費雪稱之為「真的神祕兮兮——……大衣遮臉的人,……想要知道……他怎麼知道他們的名字。」

最後他透過偶發事件認識了後來的搭檔馬丁・赫爾曼——迪菲曾去 IBM 拜訪過亞倫・康翰(Alan Konheim),他雖無法跟迪菲分享國安局的研究,但康翰告訴迪菲另一個曾與他問過同樣問題的研究員名字,那人就是赫爾曼。兩人見面後赫爾曼雇用了迪菲,以便他們隨時聯絡。

就像哈波・李和羅傑・班尼斯特,迪菲在這個人生階段發現自己不知不覺陷入草叢中。他 30 歲時住在加州,名義上是赫爾曼的研究助理。他和妻子瑪麗幫人工智慧先驅學者約翰・麥卡錫(John McCarthy)看顧房子,照顧麥卡錫的女兒。有天晚上,迪菲遭遇低潮,他想要放棄。瑪麗說:「他告訴我他應該做別的事,他是個瘸腳研究員。」

隔天,迪菲偶然地經歷了頓悟的一刻。依照慣例,他替當時在英國石油公司上班的古埃及學者瑪麗做早餐,開始東摸西摸。

迪菲是這麼描述他突破的時刻：

我記得最清楚的事情，是我坐在客廳裡第一次想到這個概念，然後我下樓去拿可樂，差點忘掉。我是說，有那麼一瞬間，我在想別的事。是什麼呢？然後我想起來了，再也沒忘記。

那個概念就是解碼時「分割鑰匙」的方法。研發該科技將會多花迪菲和赫爾曼一些時間，但這個洞見就是找上了迪非那個原創性又有準備的大腦——這位帶著關於隱私和信任的燈塔問題闖蕩多年，並花了一輩子在探索的人。

迪菲的故事顯示了你的燈塔如何可能從你最特異的體驗，和最理所當然的基本信念中浮現。經驗的故事可大可小，像面對公眾解決隱私問題或出於責任的家庭觀念這種小事。

在迪菲的故事中你也會注意到所謂的機緣巧合。他的燈塔問題引導他的探索，但他也回應了歷史時刻的急迫性。

動機和敏感度的結合很重要，值得暫停一下來思考。回應情境而發生的創意過程，可能跟出自瘋狂及一心一意專注的創意過程同樣重要。回想一下導論中提到引擎失效後把英航飛機降落在草地上的機師約翰·科瓦，他的智謀是反應式的。他身在毫無前例可循的創意空間裡。

在稍微超出日常狀態的情境中，名叫露薏絲·佛羅倫科的

女士體現了真實自我和責任感如何可能一起形成燈塔。露薏絲·佛羅倫科小姐，是南方作家法蘭娜莉·奧康納（Flannery O'Connor）的表親。我在法蘭娜莉·奧康納的家鄉——喬治亞州的米勒奇維爾，演講安達魯西亞日常生活中的創意時，認識了她。演講後佛羅倫科小姐戴著牛仔帽身穿牛仔褲——優雅和幹練妥善融合在問起來不太禮貌的年齡中，她過來向我說：「你知道嗎，我一直想當藝術家，但我卻成了律師。」

我直到事後才懂，當她說她是律師，其實是表明她出身於哈佛法學院第一屆女生班。我會認為那是像 B 點的藝術計畫。

事後通信中佛羅倫科小姐告訴我，她在大學主修政治學，但選了許多藝術史和藝術實習課。畢業後不久的夏天，她去紐約哥倫比亞大學上繪畫課。她寫道：「我藝術家生涯的巔峰，是教授選了我的水彩畫在西格蘭大樓的大廳展出。」她喜愛創作藝術，也參加法律系入學考試。「我的想法是，法律學位能提供餬口的機會。若只身為『藝術家』我八成會餓死在閣樓裡。若是成為藝術史學家，我可能會在博物館地下室的庫房裡清理繪畫和古物。」

佛羅倫科小姐的故事令人不禁想起，如果哈波·李聽她父親勸告，念完法學院去當律師會是何種光景。

佛羅倫科小姐的創意大冒險在退休後展開。法蘭娜莉·奧

康納的母親要求她搬到米勒奇維爾幫忙維護奧康納的遺產。回想起來，佛羅倫科小姐說她選擇上法學院是很務實的決定，而她退休後決定來米勒奇維爾則是為了滿足一個需要。隨之而來的，是藝術的另一種形式——使命和重塑。佛羅倫科小姐的燈塔來自真實的責任和服務的信念，自力更生的慾望，以及把天賦應用在需要之處的能力。

把燈塔問題限制在空中樓閣般之藝術不可能性的偏見，源自於藝術是休閒活動而非日常需要，還有藝術家都是不切實際的天才的想法——按照知名經濟學家也是英國藝術委員會第一任主席約翰‧梅納德‧凱因斯（John Maynard Keynes）的說法，是「走在心靈的氣息吹拂之處」。

對專業藝術家和其他人而言，燈塔可能從名為必需品的土地上長出來，它可能隨著時間發生改變，像一個人在自身遭遇的任何環境——在失速的飛機上、拿到法學院入學通知、接到家族求助的電話，或盯著田徑場跑道盡頭等待起跑槍聲中，根據你的真實自我和完整性而演化。

安寧療護護士邦妮‧維爾（Bonnie Ware）曾經寫到人們臨終的遺憾中，最常見的是沒有忠於自己過活。忠於自己過生活就是專注在對你重要的問題上的簡單行為，無論這是出於義務或責任，無論大事或小事。相信有個你該做的獨創貢獻，就可以把你的起點固定在一個問題上。

找到你自己的燈塔

若要想清楚你的燈塔問題，有些路線可供採用，看看下列是否有適合你的：

- 選擇你最近做過並大獲成功、真正覺得驕傲的事。想想它們有什麼潛在的價值？接著挑個感覺失敗的事，真正的砸鍋，用以檢視潛藏的問題。如果可以，將它們寫下來，擱置一天再回來看。問問你自己，這些事情隱含的希望或問題是什麼？

- 如果你中了樂透，錢對你來說不成問題，但是你仍想要工作，你會做什麼？想像下一步若是你主演的電影，故事情節會是如何？會發生什麼事？這些答案能告訴你，關於你潛藏的疑問嗎？

- 回顧你的人生，不同階段的問題各是什麼？無論你用 10 年或 1 年或其他基準劃分工作、學校、家庭、住處的人生地圖或時間線，你在不同章節探索的內容是什麼？你的問題已找到了一個答案，或多重答案嗎？你可能看到一些問題，關乎個人熱情，或義務和財務的需要。不要去想成功或失敗，而是要去探索一個階段的問題如何導致和開啟下個階段。

- 如果你的人生、你的組織或周遭的世界中有魔杖，你會怎麼使用？這個希望潛藏的價值是什麼？你如何設計此價值成為你可以管理的問題規模？

- 你的燈塔問題最可能存在於短期未來或遙遠未來。下個月或明年你希望發生什麼事？未來 30 年你認為有什麼重要的事該考慮？讓你的心思用科幻腦力激盪的模式去自由闖蕩，然後自問你為什麼在乎這些事？它們是否也關係到你現在在乎的事呢？

朋友與家人群組

燈塔問題的關鍵難處是，提問會讓你成為先驅者，讓你冒險衝上前，不受過去事件固有模式的保護。如同商業理論中的「先驅者優勢」：你可能占據一個新市場，率先設計一個新產品，或領先開始做任何事。無疑地，先驅者必須多花力氣。率先行動讓你成為一群自行車選手的帶頭者，你必須逆風前進多花力氣而不能躲在隊友身後。

如同班尼斯特和迪菲，質問 MDQ 需要更多勇氣。你迎向的逆風有一大部分會使你猜想自己是不是瘋了，才會做此嘗試。從商業立場而言，如果你成功了，別人很可能以較少成本迅速地模

仿你。身為率先行動者的風險和弱點很大，但潛在利益也較大。

一路上，這些燈塔問題就像個指向未來的指路明燈，需要結構性支援。在個人層面，你要有朋友和夥伴。在商業策略層面，你要設置「進入障礙」，以保護你在 B 點世界所創造的成就。

班尼斯特在田徑場大勝的夥伴之中，他的朋友兼陪跑人克里斯‧查塔威在健力士酒廠當釀酒工人。另一個朋友兼陪跑人克里斯‧布拉舍是美孚石油的儲備經理人。布拉舍和查塔威各自都是很有天賦的跑者。他們幫班尼斯特打破一哩障礙那天，查塔威以優異的 4 分 7.2 秒獲得第二。

後來查塔威在 1954 年及 1955 年的三哩項目和 5000 公尺項目都締造了世界紀錄。在 1953 年看到查塔威賽況之後，日後成為工黨政客的約瑟夫‧馬拉留（Joseph Mallalieu）在《觀眾》雜誌的「運動歲月」專欄寫道：「跑出破紀錄的一哩對查塔威來說，比我們追公車還輕鬆。」

班尼斯特不嚴謹且龐大的夥伴名單還包括其他人，例如雙胞胎兄弟羅斯和諾里斯‧麥克惠特，他們多年來幫他計時、載送他比賽、告知他海外對手們的成績。班尼斯特筆下如此描述他們：

諾里斯和羅斯‧麥克惠特雙胞胎的精力深不可測。對他們而言沒有太麻煩的事，他們樂意接受任何挑戰。在牛津一起練短跑之後，他們搭檔當記者，並持續告知我關於海外對手的表

現。他們經常載我去比賽，讓我順利抵達，不會太早或太晚。有時候我不確定是諾里斯或羅斯誰拿著碼表誰開車，但我知道兩個人都可以信賴。

諾里斯是 1954 年 5 月 6 日宣布成績的人，他獨力說服唯一到場的記者們，告訴他們應該來。諾里斯也雇了當地電工接通擴音器，讓諾里斯能在半圈處幫忙宣布成績。多年來他們告訴班尼斯特，和他同樣想打破一哩障礙的澳洲約翰・藍迪和美國威斯・桑提，二人各自的進度如何。他們也告訴班尼斯特，一哩障礙已變成「幾乎無法投保的風險」，各報社都早已開始準備班尼斯特和對手們的「訃聞稿」。

麥克惠特兄弟和班尼斯特一樣相信可能性，他們與最初告訴班尼斯特或許該放棄跑步的牛津管理員相反。有一次諾里斯和班尼斯特搭火車去義大利代表阿基里斯俱樂部參賽，它是牛津和劍橋運動員俱樂部的組合。諾里斯看著打盹的班尼斯特說：「或許有朝一日，這個人會證明自己擁有超越地球上其餘 10 億人已知的肢體能力。」

成就來自友誼的概念，打破了孤狼式天才的觀念。無論多麼不易察覺，它也完全不同於現代的合作與強化概念——其核心觀念認為每個人都是高度獨立、成就導向的工作者。雪若・桑柏格（Sheryl Sandberg）的「全心投入」（leaning in）概念很重要，這也是 B 點世界的潛在動力。從某些角度來說，在工作上「全

心投入」的框架中，行動確實出於個人的職業野心，在受到其他參與者支持之後，許多人會在最終故事中被排除也是真的。但是，成就是來自團隊的努力，雖然在名義上或許會被歸於班尼斯特。成就出現在友誼以及業餘運動傳統的基礎之上。

至於班尼斯特的朋友們的出路，布拉舍後來與別人創立倫敦馬拉松大賽。查塔威在健力士受訓時，把諾里斯和羅斯‧麥克惠特引進公司，兩人對運動紀錄都有過目不忘、百科全書般的記憶力。1954 年，雙胞胎兄弟成為《金氏世界紀錄》的創始編輯兼發行人——它本身也創下了最暢銷版權書的世界紀錄，只被聖經和可蘭經之類的公版書超越。麥克惠特兄弟中的羅斯在 1975 年被北愛共和軍殺害，諾里斯繼續單獨編輯該書直到 1986 年，然後留在健力士當了 10 年的編輯顧問。

率先成功者的亦敵亦友世界

在商業層面，親友群組仍然成立；個人領袖會被重要團隊圍繞。但身為最先行動者，在商業上有特定風險。如果你要證明某事有可能，或許必須大量投資才能做到。若你真的大獲成功和發明了 B 點世界，怎麼阻止別人模仿你，又怎麼不必再冒那些風險和投資而能夠獲利呢？追隨者的優勢是很強大的。

在商業界尋找燈塔問題時，你必須特別思考該如何設置進入障礙，以防止追隨者模仿你的成功模式。最常見的結構性支援，是設計用來獎勵冒特別大風險的發明人專利，和其他形式的智慧財產權。萬一無法獲得專利，你還是必須設計阻止別人占你成果便宜的其他方法。不起眼又無所不在、廣受模仿的 Softsoap 牌洗手乳，就是誕生於這樣的故事。

Softsoap 是 1970 到 1980 年代暴紅公司明尼通卡 (Minnetonka) 的心血結晶，位於明尼蘇達州明尼亞波里斯西方 15 哩處的查斯卡鎮（1986 年人口：8643 人）。公司創辦人羅伯特・泰勒（Robert Taylor）在 1964 年以 3000 美元和一個夢想創立明尼通卡公司，他是馬里蘭州出身，有史丹福 MBA 學位，也曾經任職於嬌生（Johnson & Johnson）公司。

直到 1970 年代中晚期，明尼通卡在罕見的嬉皮奢華中融合市場需求運作，製造看起來像檸檬、青蘋果或巧克力棒的洗手皂。泰勒開車上班途中突發奇想：製作液態香皂。

液態香皂的第一項專利在 1865 年核發，該產品除了在公廁使用之外從未真正大紅。明尼通卡開始把液態香皂做成奢侈品，用瓷瓶包裝，還取了像「Crème Soap on Tap」之類的 1970 年

代的好聽名稱。

泰勒想把液態香皂推入大眾市場，但他只是在充滿大魚的產業中的小雜魚。他擔心他的成功可能毀了他——這很合理：如果他能證明液態香皂的市場存在，別家廠商將會加入。那些有龐大行銷和經銷體系的大公司或許會打垮他。

他需要優勢，但是很難找到。香皂本身沒有專利。在檢視所有構成部分之後，他發現一個限制：擠出液態香皂所需的獨特氣壓機制有專利。全美國只有兩家公司製造這種氣壓瓶。泰勒買斷了那兩家公司大約 2 年的全部產能，相當於 1 億個瓶子。每個氣壓瓶只要 12 美分，他得投資 1200 萬美元，超過公司的市值。他們簡直賭上身家性命。

結果成功了。從 1979 到 1981 年，明尼通卡的收入飆到9600 萬。Softsoap 這項產品占當時 1 億 2000 萬市場規模的38％。因為明尼通卡鎖住了氣壓瓶廠商的全部產能，Softsoap領先高露潔、棕欖和聯合利華等大型公司一到兩年。領先優勢在其他公司進入市場之後難以維持，但是證明了要給競爭者設立路障的策略。沒有進入障礙，明尼通卡就不會從它創造的 B點世界獲利。

買光所有瓶子是微小但有效的阻擋機制。較大的商業策略正是來自一個跟香皂這種小東西有關的，清楚又大膽的問題。

不同時代有不同形式的挑戰。班尼斯特探索的是某件事是否可能的開拓問題。我們則經常面對某事物可否改良的漸進問題。改良問題和漸進主義不知何故比較適合現今的資本主義。兩者都是創意過程的一部分，迄今仍納入利潤動機，以求讓達到季度目標、衝向勝利的心態可被接受。你能否變得更好只是其中一種問題。

2004年，班尼斯特為他1954年的原始著作加上一段新的後記，他寫道：「找到正統的挑戰……越來越困難了。」業餘運動員的時代，在午休時間訓練，似乎越來越難重現。「業餘」一詞本身從1974年後就沒出現在奧運的官方憲章裡了。班尼斯特或許說得對，我們已經搞定了許多文明的大問題，從抗生素到鋼鐵，再到網際網路。

或許新的「正統挑戰」——全球暖化、教育體制、職涯的設計、修理而不只是建造的需要，感覺都太遠離舒適圈，只有少數人在處理。用比喻來說，這些人還沒有任何人在4分鐘內衝過終點線。他們目前或許是失敗的。當挑戰看似很大，人們很容易胡亂移動棋盤上的棋子，或緊張地追求風潮，而非遵從首要原則行動。自限於你能成功回答的事，將會把你綁在已知世界、目前的常態，而非你能努力創造的新常態。

當然在商業上的運作，總有個時間和地點是來自你所知道，並且持續服務的熟悉市場。在另一個時間和地點，你知道你的MDQ，但還無法著手去做。遵循燈塔問題先天上就有風險，因為它們涉及未知又難料的未來，但相信過去的有用模式也有風險。無論如何，世界隨時在改變。

有些習慣能比較容易問出燈塔問題。你可以在和朋友或同事對話中，成立一個MDQ俱樂部去深思和探索你的問題。像班尼斯特、迪菲或明尼通卡一樣，你可以單純地練習自問：你想做的事情是否反映出你想問的問題。如果你採取第二章的「好眼力」態度，比較容易用寬大的方式，多點好奇心而非批評，觀察到你的日常和更高目標之間的距離。

可能之事未必總是大躍進。新常態可能包括戰爭和飢荒，或生意失敗，或長久的環境損害——這些事或許不太可能漸進地改良。我們這時代有些重大MDQ是政治問題，它們未必是媒體反應時事而丟在我們面前的問題，它們來自我們自己想像力、來自我們自己對世界的理解，為了讓人去思考什麼是有可能的事，而不只是去思索已經發生的事。

創造新常態

班尼斯特打破一哩障礙時，他拖著我們穿過了平凡和非凡之間的薄膜，創造了一個真空。然後最大的改變推手——常態——趕上來填補它。在新的 B 點世界，成就已成為常態。現今大約已有 1300 名跑者能在 4 分鐘內跑完一哩，目前的世界紀錄（截至 2016 年 1 月）是 3 分 43.13 秒，1999 年由摩洛哥的希查姆・蓋魯伊（Hicham El Guerrouj）在羅馬達成。4 分鐘跑一哩仍是個黃金標準，了不起但並非不可能。就像女性 CEO 和董事、不出自罐頭的晚餐蔬菜、普及的民權和人權，或是在我們有生之年將會變為平常、或還在努力變為平常的任何進步，都是了不起卻越來越可能辦到的事。作家尼爾・貝斯康（Neal Bascomb）在《完美的一英哩》（*The Perfect Mile*）書中描述班尼斯特說：

起初很難把締造豐功偉業的英雄們，看成真正有血有肉的人。神話很容易掩蓋事實，記憶會找到舒適的軌道保持方向。讓這些人如此有趣的——他們的懷疑、脆弱和失敗——經常被噴筆修飾掉，而他們的勝利被歸類於既成事實。但真正的英雄絕對不像他們乍看之下那麼純粹（感謝上帝）。因此我們應該更加欣賞他們。

對任何人而言，燈塔問題是在更大的投資組合下作為其他

計畫和活動的一部分而存在，它們往往不是在完整人生的思考之中被探索。班尼斯特沒有辭掉醫學訓練去跑步，他靠醫療收入生存，並犧牲時間訓練。他的訓練時程是工作室時間的實踐，在此規模中他負擔得起失敗而不會傷及人生更大投資組合，我們在下一章會繼續探索這個主題。他的 MDQ 的另一個重要脈絡，是他並非處在個人英雄主義式的幻覺中，而是與朋友一起追求。燈塔有了人性的面向。

即使你無法回答你的問題，即使一開始問得很愚昧又很可能失敗，光是找出問題給它空間發展，就具有很大的力量。清楚的 MDQ 能指引人們做出源自平凡生活的大事。有時候你必須在心裡牢記這個問題很久，才能夠開始朝它接近。你的燈塔很可能只是在黑暗地平線上的一個小針頭。

在某個層面上，我們日復一日的呼吸，就跟有人能夠初次不到 4 分鐘跑完一哩同樣非凡。光是信念就需要付出精力，但它也能維持尊嚴。李和班尼斯特以及迪菲的成就，都出自脆弱的基礎，卑微的現狀，一步一腳印，直到他們都成功。

艾德蒙・希拉里（Edmund Hillary）和丹增・諾蓋（Tenzing Norgay）初次登上聖母峰的幾個月後，班尼斯特戴著他的醫師帽，要給希拉里作跑步機測試。以他們運動英雄的功績，班尼斯特和希拉里很容易顯得遺世獨立，好像從不偷懶或貪吃第二塊蛋糕。但班尼斯特看到希拉里的測試之後，他只說道：「我

不知道你怎麼辦到的。」並不是說希拉里走樣了,只是他就跟班尼斯特一樣不是超人。

班尼斯特打破一哩障礙之前,有個法國記者問他怎麼知道自己不會死在途中。答案是,他不知道。他不知道自己做得到,也不知道他不會死。他的成功並不減損事先提出燈塔問題時的脆弱。想想看隨便某個星期四,一個高瘦醫師很有可能在颱風日下午短暫風停時,在朋友和父母面前,並未舉世矚目的情況下,把不可能化為實證。他必須相信這有可能,才能做到;就像我們任何人必須先跳才會落地一樣確定。

你的洞見時刻,可能像班尼斯特一樣只有幾分之一秒,或像迪菲走進廚房去拿可樂的意外時機,或像佛羅倫科小姐回到米勒奇維爾的反應情境一樣渺小。突破或許永遠不會發生,但當它出現時,它不太可能是你初次嘗試的事。

在此空間導航時,你有知悉和反省問題的燈塔可引導你——大藝術思考容許你在不知是否會失敗時,去問夠大的問題。下一個工具是讓你搞懂在你的燈塔上如何應用投資式思考,並把你的問題放進一個關乎生活和工作的更大投資組合中,以管理風險。

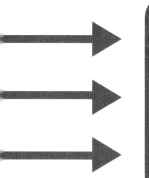

第四章
造一艘船

採取投資組合的策略，爭取擁有作品的版權及潛在利益，做好風險管理。

萬事始於微末。

——西塞羅

當你接受自己置身草叢，並且根據問題導航之後，你如何限制和管理風險——不只失敗，還有成功？你從小處著手，也明辨方向嗎？你有自我投資，好讓一些事情順利開始嗎？為了有效管理創意工作的初期風險，你需要兩個工具：我稱之為投資組合式思考和所有權股份。投資組合式思考幫你防止未來損失，讓你的計畫即使失敗也能保持平衡，以免流離失所只能吃泡麵度日。所有權股份幫你收穫未來利益，分享你所創造價值的一部分。兩者一起衡量讓你能夠大方些，試著付出一些東西，如果成功則能分享報酬。為了解釋方法和理由，我們首先必須檢視在商業和藝術領域中，不同擴大規模的方式。

包裹國會大廈 vs. 推特

1995 年，夫妻檔藝術家克里斯托和珍克勞德（Christo and Jeanne-Claude）用 100 萬平方呎的布把柏林的德國國會大廈（Reichstag）完全包裹起來。10 年後的 2005 年，他們在紐約的中央公園創作了〈大門〉（*The Gates*），將 7503 個南瓜橘色的金屬框，各自用一根同色降落傘繩懸吊著，好像洗衣店流水線上的床單。克里斯托和珍克勞德從未接受政府或私人資金對作品的贊助。他們不批評別人接受資助，只是覺得對他們而言，接受外來金錢會傷害作品的真實性。他們改賣各種相關圖畫，包括準備期草圖和他們做的各種印刷品，自籌計畫經費。

我曾經向一群學生說明克里斯托和珍克勞德的策略，有人問我：一開始人們怎麼知道要去買他們的圖畫？我不知道答案。

克里斯托和珍克勞德從小處著手，花了幾十年擴大規模。1958 年，克里斯托包裹一個湯罐頭。1962 年，他們包裹一輛機車，1963 年則是福斯汽車。他們依此規模日復一日地工作超過 10 年，才開始構想更大的計畫。〈包裹國會大廈〉和〈大門〉列舉的開始日期在 1970 年代，它們各自從 1971 到 1995 年和從 1979 到 2005 年，才累積到那些重大的作品。

他們從比較可行的規模起步，用他們買得起的大量布料，親自動手去包覆他們弄得到的物體。日積月累下來，他們增添

了一點名聲和資金，讓他們能自我投資及擴大規模。

想想這個故事的結構和推特的成長史有多麼的不同。2013年11月7日，推特以每股26美元在紐約證交所上市，交易第一天收盤價是44.90美元。2006年推特奠基於先前稱作Odeo的新創公司而成立。推特創辦人之一伊凡·威廉斯（Evan Williams）用賣掉他的Blogger平台獲得的預收款，買斷了Odeo投資人的持股。這樣一來他可以像克里斯托和珍克勞德，隨著計畫的擴張而能自力資助，但是故事在此出現分歧。

2013年上半年，推特透過「管理者的眼光」賺了2100萬美元。以一般認可的會計準則來看，公司虧損了6900萬美元。一部分的差額當然是因為推特上市前發行了股票選擇權，選擇權必須換算成費用。即使如此，推特疑似沒有任何營收，卻仍得以在證交所上市。

理論上，公司的價值是根據它所累積的未來營收（折算回現值）計算。這表示推特靠想像力而非證據賣錢，也就是讓人相信他們未來會擁有目前還未達到的營收。

如果克里斯托和珍克勞德像推特一樣，他們或許會在1979年寫個商業計畫，獲取資金，並在1980年達成計畫。在獲取實際營收之前賣掉推特的能力，會讓創辦者們在實際獲利之前就口袋豐收。克里斯托與珍克勞德和推特之間的差別，顯示一個

關於如何在價值還不明朗的計畫初階段，在時間和金錢兩方面管理投資風險的對比故事。

如果你的作品像克里斯托和珍克勞德那樣自籌資金，累積動能需要時間。你必須賺夠錢來支付你的日常開銷，同時也撥出足夠盈餘來投資和成長。在長期曲線上，木製雲霄飛車可能吱吱作響地爬上第一座山後，因衝過頭而飛出去。為了駕馭那個力量，你需要設計工具來管理風險和收取價值，以便在你能保持當下平衡的同時，規劃或好或壞的未來。你必須用我所稱的「收入式投資組合」思考，以讓你工作的生產經濟學保持平衡，也要思考如何用傳統投資組合方式去管理風險及你作品的報酬。我們目前會看到，收入式投資組合有「交叉補貼」的特性，用某個領域支援另一個領域。透過收入和投資兩邊的觀察，你就享有分散化投資組合的優點。

投資組合式思考

1990 年以現代投資組合理論贏得諾貝爾獎的哈利·馬考維茲（Harry Markowitz），在 1927 年生於芝加哥。他的父母開了一家雜貨店。所有諾貝爾獎得主都被要求寫自傳，他的文章一開頭寫道：「我們住在一棟好公寓裡，總是有足夠東西吃，我還有自己的房間。我從未察覺大蕭條的存在。」馬考維茲附

上的照片散發出溫暖、社會菁英的仁厚氣質。

馬考維茲在 1950 年代開始研究，分散化投資組合優點的數學證據。通常，你不可能得到與承受風險程度不成比例的報酬。冒大險，賺大錢；賭得小，贏得少。馬考維茲證明的是，建構一個分散化投資組合——持有很多不同東西而非把所有雞蛋放在同一個籃子裡——讓你可以在特定風險程度下得到較高的報酬。理由在於你的所有持股若獨立變動，有的上漲、有的下跌，它們會有互相保險的效果，只要它們沒有完全一起變動或剛好抵銷，也就是只要股票像互相跟隨的酒醉路人，而非緊貼隊形的水上芭蕾舞群，你的整體報酬就會比較高。分散化的內部保險效果會給你助力。領航投資（Vanguard）公司就從這個邏輯衍生出來。

投資組合法在現役藝術家、投資顧問和創投金主的圈子非常普遍，它對其他工作者和整體企業也很有用。一般投資組合思考的藝術式變形就是先有個正職。人生中有些領域穩定又低風險，你或許不像做自己的藝術那樣享受它，但它們支撐你的生活。你投資組合的其餘部分，可能是在藝術上或財務上成功的計畫，兩者皆是或皆非。正職支付了其他計畫的研究發展預算，這個結構稱為交叉補貼（cross- subsidy）——你用一個領域的收入支付另一個領域的費用。這也把你的投資組合分散成危險收入和安全收入的混合體。

馬修・戴樂吉（Matthew Deleget）是住在紐約布魯克林的

藝術家。他和妻子羅珊娜‧馬丁尼茲（Rossana Martinez）也是 Minus Space 創辦人。這原本是個純網路藝廊，直到他們在 2014 年開了個磚砌灰泥的實體空間。每年馬修會稽核自己花費時間和賺錢的方式。連續幾年，他拿著這些圓餅圖到我每年夏天在下曼哈頓文化會議中教導藝術家的研討會上做簡報。幾年前，他將 12％ 時間花在帶來 48％ 收入的諮詢計畫上。日子久了百分比也隨之改變，較大的比例來自他的藝廊。他的目標是讓所有收入都來自他的藝廊或販賣他自己的藝術品。他一面接近目標，一面自我投資從事其他比較高利潤的領域，以交叉補貼他的藝術品和藝廊。

我們很快就會看到，大型公司經常也有這種交叉補貼結構。大多數公司是像克里斯托和珍克勞德那樣運作的，許多計畫和部門的投資組合：有些部門成長擴大，有些短期內只會燒錢。企業利用來自某領域的錢去交叉補貼其他的領域，才能夠投資在新東西上。

為了你的人生或組織，你可以稽核一下你如何花時間和賺到錢。時間和收入相符，或你在某領域賺錢去支撐另一個工作嗎？你可以把它在紙上實際畫成兩個圓餅圖，一個是時間，一個是收入，也可以在你的腦中想一下。有什麼領域對你非常重要但沒有產生收入嗎？（我想起金融時報專欄作家曼尼潘尼太太，把她的子女稱作成本中心 1 號、2 號和 3 號。有許多很值得的事物不會產生收入；這裡的目的只是發問和提醒。）

檢視不會賺錢的領域，指出那些屬於研究發展，或工作室時間的，想清楚是哪些其他活動在支撐這些領域。時間和收入不平均的結構，就是你在自我投資的訊號——你用來自某領域的收入支持另一邊的起步工作，這個交叉的財務支援就是投資行為。

自我投資

　　迄今在本書中，幾乎所有人都得在自己的計畫中自我投資，讓計畫得以啟動。像克里斯托和珍克勞德，他們得在職涯的宏觀生態系之中看出他們的潛在計畫，並且透過其他工作支援它，或在某領域賺錢以支持另一領域。

　　湯瑪斯・佛加提發明球囊導管是靠兼差工作賺錢，加上幸運的童年經濟狀況和求學經歷。班尼斯特當受訓醫師賺錢，又利用午休時間練跑；在放棄跑步之前，他給自己 2 年嘗試達到目標。公私鑰加密發明人惠特菲爾德・迪菲接受低薪的研究職務，幫人顧房子以補貼他的生活費。紐約馬拉松大賽創辦人佛雷・勒波在生產人造纖維女裝的公司當主管。哈波・李用航空公司訂位員的正職支撐她的寫作，直到她從朋友那裡收到一年份薪水的禮物，之後又從出版社收到預付款。

在此脈絡中閱讀哈波·李的朋友寫給她的信件很有趣。李回想當時發現藏在聖誕樹上的信，信上承諾她 1 年不須工作而能寫書的時間——1961 年她為《麥考》（*McCall's*）雜誌寫了題名為〈我的聖誕節〉的文章。她寫道：

布朗夫婦想要給我一個完整公平的機會去驗證我的能力，讓我擺脫固定工作的煩惱。我會接受他們的禮物嗎？他們完全沒有附帶條件，只請我接受，這是他們的好意。

我好一會兒說不出話來。我開口時，問他們是不是瘋了。他們怎麼會以為這麼做有任何好處？他們不是錢多到可以灑的人。一年是很長的時間。萬一他們的孩子們發生什麼可怕的事需要錢呢？我一再推辭，但全數被駁回。「我們都很年輕，」他們說：「發生什麼事我們都能應付。如果災難來襲，你還是可以找個工作。好吧，如果妳想要，那當作貸款好了，我們只希望妳接受。請允許我們相信妳，妳非收不可。」

這時候，李向他們說：「這是個豪賭，風險實在太大了。」麥可·布朗回答：「不，親愛的。這不是風險，是十拿九穩的事。」布朗體貼地安慰她，任何投資都有風險，「固定工作的煩惱」經常是不得不然的交易。

在這些案例中，這些人冒真正的風險作出犧牲以投入他們的計畫。開車在全國奔波學習密碼時，迪菲存了 1 萬 2000 美元，

然後決心「省吃儉用」。據赫爾曼說，他為了能跟夥伴馬丁・赫爾曼密切合作而在史丹福接的工作，其薪水大約只有行情的一半。時光再倒轉，連對迪菲的思考基礎很重要的《解碼者》一書作者大衛・卡恩（David Kahn），為了寫書也辭職搬去跟父母住。市值 30 億美元的新創公司 Snapchat 設立在洛杉磯，是因為創辦者們為了省錢開公司必須搬回家住——這也違反了他們最好設立在矽谷的忠告，他們留在洛杉磯建立公司。勒波個人負擔了頭兩年的紐約市馬拉松大賽費用，還在第三屆作財務擔保。

自我投資的過程可能特別辛苦，因為市場經濟的設計會拿走讓你緩步前進的盈餘，像克里斯托和珍克勞德從包裹湯罐頭到汽車到建築物的所得。對手或競爭市場，都可能輕易拿走你用來擴大規模、或只是用來周轉的，擁有額外緩衝作用之金錢或時間。如果你在紐約租過公寓，工作得到的年度加薪通常很快會讓你收到房東漲房租的通知，除非你走運，可能只漲一點。當你熬到收割獲利的狀態，感覺很棒，但在長期價值創造上可能很困難，除非你有雄厚的存款或一開始就有被動收入。市場就像大自然，厭惡真空。為了保留盈餘以備自我投資，你必須反抗市場走向獲利最大化的慣性。回到第一章，基本上你提供財務掩護來保留一塊空地，以利實際操作工作室時間。迴避這個兩難的方法是，先想想如何建構你的收入和投資組合，再去擁有你自己計畫的股份。

試想像經濟體是大量的水，為了在水裡浮起來，你需要一條船。考慮是否投資初期的燈塔計畫時，你必須問問你的船能否保

持平衡。平衡問題就是投資組合式思考之一。投資組合式思考會掌管你可否投資在你的燈塔問題上，以及如何負擔得起這項投資。你需要短期內平衡的收入式投資組合，和長期的投資式投資組合。

投資組合仰賴所有權股份。如果你真的可以負擔得起從事創意計畫而不會翻船，那麼表示就算計畫不順利，你也有抗風險的能力。你的收入投資組合讓你在工作時保持平衡，如果失敗，你的船不會沉。但如果你的計畫成功呢？如果你的計畫進行順利，你會需要更大的船。這時你需要所有權的工具。如果你能擁有你製造的東西的一部分——身為時間和精力投資者，你擁有其中的財務股份，那麼船就會跟著你成長。

建立能平衡和成長的創意計畫，是創意設計的任務，這必須採用資本主義中一些最自由市場的部分，把它抽離理論進入真實世界。即使是信仰市場教條的人，常會驚訝自己事實上多麼容易搞錯它，同時現今也有許多成熟科技可以讓它更容易被理解。市場工具經常要求人們免費工作以證明某事物有可能，又不能擁有一丁點他們所創造的價值。所有權股份的概念重點在於分配財產權。只有擁有股票或其他獲利方式，你才能精確地反映出投入創意作品的風險和努力，與可能創造出的價值。

我要展現的是，如何更精確地測量創意工作的風險報酬空間。你可以說這個改變是把自由——不是免費——放進自由市

場資本主義，而非把免費——就是沒報酬——放在自由工作者身上。

談論投資的所有權，缺少的環節就是慷慨的概念，以及從哈波‧李到 Kickstarter 群募網站等許多創意工作，生根於禮物經濟的現實。哈波‧李的朋友給她一年份薪水去寫書，或佛雷‧勒波自費資助馬拉松的行為，都是希望能啟動連鎖反應去引發可持續之經濟和社會價值的禮物。

回想一下像那樣給過你禮物的人，你給過這種禮物的人，和送禮給自己的可能性，例如投資自身的教育。在此脈絡中，工作室時間或任何研究發展的概念，都是保護創作空間的慷慨行為。

分配財產權，表示是以所有權的方式而不是生財工具的方式思考，這也是慷慨的先決條件：你必須先擁有，才能給別人東西。這種所有權聽起來不是很緊急，因為你決定冒險創造某東西的時刻，和收割成果、或被宣稱擁有所有權的別人控告的時候，通常有很久的時間差。但這些（投資測量）工具再緊急不過了。這是你宣示自身貢獻價值的基礎，以便你能從中獲益、分享或轉投資到更多作品。

全是抱枕，沒有沙發

藝術學院畢業後那幾年，我嘗試用不同的工作規畫支持自己的創意計畫。我在投資管理公司全職工作了 2 年，然後進入同時應付多個不同計畫的自由工作者階段。在某個階段，我發現自己有些有趣的作品，但沒有足夠的支撐架構和穩定性讓自己安心。我會稱呼那個人生階段「全是抱枕，沒有沙發」。我有很棒的個別計畫，但沒有支撐它們的大結構。沙發是讓小規模計畫，即抱枕可以安全穩定的經濟骨架。

如何結合小計畫和大結構支撐的現象，正是關乎你如何造船以支撐生活的潛在問題。身為一個人、經理，或公司，你有足夠的穩定性和平衡度嗎？任何一個抱枕最後都可能長成下一張沙發，但是同時，你需要某個程度的安心，因為你沒有打算在這事情上孤注一擲。換個說法，你越想要探索創意，越需要確定你在經濟上安全。或者說，抱枕越顯瘋狂，沙發越該保守。

典型的投資式投資組合中，另類投資——避險基金、私募股權、藝術品——都是大整體之中重要的小部分。它們是抱枕，或者用投資管理術語來說，是平衡保守沙發的「連動性炸彈」

（correlation busters）。創意計畫經常有另類投資的特性——高風險、高報酬、與市場脫鉤、根據絕對價值而非大趨勢，或避險基金經理人所謂的「α」，所以建立穩定架構承接那些高風險投資非常的重要。第三章所說的燈塔問題，就存在於你財務生態系的架構之中。

在抱枕階段的幾年之後，我比較常採取沙發策略。我選擇能給我健保和穩定基本收入的職位。我用部分收入交換彈性：我可以在創意計畫中另外投資，有的賺錢有的沒有，有些是事後以股權支付。這些選擇可能在任何人的一生中衰退和流動，有時候偏向抱枕堡壘的方向，有時候偏向單一架構的沙發模式。

有些人的職涯看起來比較明顯像是投資組合，但其實職涯對大多數人來說都具有投資組合的性質，只是有時候所有的任務和計畫都綁在一起成為一種職務。如果你只有單一工作，在裡面可能有很多不同的功能。你的工作可能是聚集在一個頭銜下多種活動的集合體。對自由工作者來說，那些活動經常脫鉤成為許多不同的專案。無論你是綜合或單純的工作，將它們想成可以分割的狀態會比較有用。

連李奧納多・達文西也過這種投資組合式的人生。其實你可以主張蒙娜麗莎這幅畫本身，在他製作的時候就是抱枕。或許你覺得不是，但是請聽我說完。達文西當時接了不只一個案子，其中一個是較大型的公家委託。

歷史學家認為達文西在 1503 到 1507 年間繪製蒙娜麗莎，或許還繼續修飾了 10 年。他是為義大利貴族法蘭切斯可·裘康多（Francesco del Giocondo）畫他妻子的肖像。根據達文西自己的標準 (達文西可是以半途而廢聞名)，蒙娜麗莎在 1507 年他看似初次停筆時尚未完成。

　　在同一個時期，達文西也在做一幅大型公家委託的壁畫。該作品描繪安吉亞里戰役，要畫在佛羅倫斯的維奇奧宮新會議廳的一面牆上。達文西大約在 1503 年 10 月之前接到委託。有份安吉亞里戰役的修改版合約標註日期是 1504 年 5 月 4 日，指稱達文西已經收到 35 個佛羅倫斯金幣，從 1504 年 4 月到 1505 年 2 月他還會按月領取 15 個金幣，以便創作壁畫的所有預備草圖（計價中使用的一個佛羅倫斯金幣，是相對於銀幣的較大型金幣，在當時大約值 140 銅幣。為了比較，根據達文西遺留的筆記，理髮的價錢是 11 個銅幣，一盤沙拉是 1 銅幣。）合約中也安排給達文西享有工作室和住所。如果達文西到 1505 年 2 月未能完成「底圖」，即用來把圖像描到牆上的特殊繪畫，那麼合約中的「尊貴領主」可以要求達文西退還預付款。要是達文西真的達到底圖階段，他們會商定適當的薪水，讓他繼續繪製完整的壁畫。

　　安吉亞里戰役是個高風險計畫。米開朗基羅——藝術上號稱達文西的對手，也被委託在同個地點另一面牆上描繪卡辛那之戰。到了 1505 年 6 月，達文西確實完成了部份底圖，也開始

描到牆上。但他從未完成壁畫本身；他用不同畫材作技術性實驗，結果失敗了。50多年後達文西的傳記作者，本身也是畫家的喬吉歐‧瓦薩里（Giorgio Vasari），用另一幅壁畫覆蓋了失敗的安吉亞里戰役。

把蒙娜麗莎和安吉亞里戰役想成在1503到1507年間，達文西工作投資組合的兩個部分，而蒙娜麗莎倖存成為世界上最寶貴的藝術品之一；安吉亞里戰役除了幾張草稿，沒有傳世——僅有達文西的準備草稿，以及後世藝術家想像壁畫完成後的可能模樣。佛羅倫斯當局的大規模委託，以規模而言就像沙發：穩定的收入有意義地貢獻在他的日常花費上。但如今抱枕卻成了較有價值的東西（也是倖存的東西）。

這一切的意思是，達文西在平衡多個收費作品與在科學和發明方面的私人探索之間的投資組合生活方式。他收費的架構也會改變——有時候是依附在做出特定作品的薪水，例如安吉亞里戰役；有時候是定額酬金，例如蒙娜麗莎；也有時候是金主的全面照顧，例如在米蘭公爵和後來的法國國王宮廷中擔任藝術家的時期。

補充說明達文西從1503到1507年職涯中投資組合的財務結果，其實達文西一直沒把蒙娜麗莎交給當初出錢的貴族。他把「未完成」的畫帶到法國，變成國王法蘭索瓦一世的收藏品，然後送進羅浮宮。奇怪的是，安吉亞里戰役的合約似乎讓達文

西保留他收到的款項，因為他確實達到底圖階段。如果達文西因剛好只做到這種程度或他認為半途而廢比較輕鬆，而顯得特別權謀或投機，那麼合約見證人──《君王論》作者、主張為達目的不擇手段的尼柯洛·馬基維利（Niccolò Machiavelli），在 1513 年時正好擔任佛羅倫斯顧問的這件事也很奇怪。

考慮一下你的人生中什麼是抱枕，什麼是沙發。如果你的副計畫，你的抱枕，變成下一張沙發會是怎樣？即使完全不可能，試著想像一下此景，以及你如何能做到。

當你擁有投資組合的時候，收穫在於你事先不知道哪個領域會有好表現。你試著平衡風險和穩定性，這表示在短期內，你要將它設計成可支付你的生活或公司的開銷。長期來說，以抱枕開始的計畫──蒙娜麗莎和其他的作品──可能有大回報。當它們表現好時你是否也同時過得好，就得靠所有權股份。

深入探討之前，值得引申一下投資組合式思考。我們都將其應用在個人身上，但如何應用到整體企業。當波士頓顧問集團創辦人布魯斯·韓德遜（Bruce Henderson）在 1970 年引進成長－市占率矩陣的古典管理顧問框架，他其實打算將它當作幫助公司維持健康的「不同成長率和不同市占率產品」之投資組合工具。韓德遜寫道：「投資組合構成現金流之間平衡的功能……邊際利潤和產生現金則是市占率的功能。」

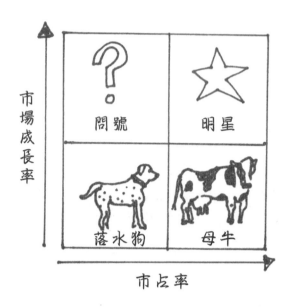

韓德遜的 2×2 成長－占有率矩陣橫跨市占率與市場成長率。如果你的市占率很大而且市場在成長，你的產品就是「明星」。如果你擁有巨大市占率但是市場沒成長，那就是「母牛」或搖錢樹，能賺錢去資助你生意中的其他領域。這張圖表上的藝術性思考部分就是「問號」——你尚未宰制市場但正在成長中的領域，有潛力但還沒有報酬的地方。最後一格的「落水狗」是該迴避的，既沒什麼前途也沒什麼既有的成就。

雖然這張圖是發明來描述商業機制，但也可以在你的人生設計中提出有益的問題。你可以從概括的問題開始：我已經建立什麼技能，哪些是新鮮的、有成長的？你的新技能如果收穫良好，那就是明星；如果你還不知道它們是否有利可圖，那就

是問號。你的舊技能中能支撐你的，就是搖錢樹；如果它們對你已不再有用，那就是落水狗。

成長－市占率矩陣的問題大約是：

· 哪個計畫是你的搖錢樹——以相對傳統和穩定的方式產生金錢來支撐你的生活？

· 哪個計畫是落水狗——耗掉你很多精力和努力，卻沒什麼表現？（你可能有個人的和非經濟的理由去持續做這件事）

· 哪個計畫是問號——你在研究中可能很有作為，但還不確定的東西？

· 哪個計畫是明星——同時有成長又成功的？每當你看見將問號變成明星的機會，你就創造了你的 B 點世界。

投資組合式思考，是個決定該投資時間和金錢做什麼，以及如何同時支撐自己生活的泛用工具。你最好能夠分辨你在乎什麼——即使迄今你在只能包裹罐頭或汽車的階段。認清第三章說的 MDQ，現在只是個抱枕，卻能幫你為自己或組織建構支撐點。它的支撐程度，會變成你所需要的、讓職涯維持平衡的沙發。如同第一章提及的工作室時間，你投資在抱枕的錢永遠不會是個損失，而是為你學習到的東西付學費。

分散化投資組合方法允許多項計畫長時間以不同速度發展。

在現今科技要求立即回報的環境中，緩慢成長或許不流行，但有時候它能讓你的點子用比較有趣和長久的方式醞釀。

讓投資組合方法變複雜的是，你不只試著在某個時點管理經濟，你讓你的收入支應所有開銷，也試著建立稍後可能成長得更有價值的東西。你夾在生產經濟學（交叉補貼）與風險報酬的投資管理之間。如前所述，事先知道創意作品的價值特別困難，因為價值只有在你創造的 B 點世界中才能得知，而非在你起步的 A 點世界。價值和初期作品的特性，都會隨著時間改變。我們會發現，所有權股份因此更加重要。

磚塊的用途

在一次例行的腦力激盪練習中，主持人要求大家想想他們可以用磚頭做什麼事。標準規格的磚塊，暗紅色，裡面有幾個洞。在腦力激盪中——如果你喜歡也可以暫停下來想想看——能列舉的事情挺多的：蓋爐子烤雞、磨碎它變成片狀粉末後在裡面種花、用來當武器、綁在屍體上丟進河裡、做椅子、當作紙鎮，諸如此類。照我的經驗，在坐滿專業藝術家或設計師的房間裡做練習，要過很久才會有人提起築牆或蓋房子之類的明顯用途。

我喜歡用磚頭做腦力激盪練習的理由，是磚頭象徵著為何在初

期知道一件東西的價值這麼困難。在許多案例中，我們現在司空見慣的公司都從他們傾向用來築牆或蓋屋的小磚塊起步，然後在機緣巧合之下讓他們發現不可能繼續築牆或蓋屋，他們必須轉做別的事。

Google 剛開始只是賴利‧佩吉（Larry Page）和瑟蓋‧布林（Sergey Brin）想要賣掉的一套搜尋運算法。沒有人願意買，他們碰到的每個人都說搜尋引擎沒出路。於是，他們改成立一家公司。

杜邦創立於 1800 年。當艾瑞尼‧杜邦（Irénée du Pont）從法國來到美國時，他想去打獵但認為美國火藥做得太爛。法國化學家安托萬‧拉瓦節（Antoine Lavoisier）熟悉化學史，提供了開槍必須要有氧氣等許多有用的基本概念，他碰巧教過杜邦做火藥。於是杜邦成立了一家火藥公司，公司成長為一家軍品供應商，在戰時賣了很多武器給美國政府，讓他們揹上「死亡販子」的汙名。後來公司差點破產，經過重整倖存之後，他們更廣泛地定義自己的使命，成為在「科學的奇蹟」商標之下的管家和開拓者。如果你有彈性衣物或不沾鍋，很可能就是他們的廣泛產品之一。

下次你去自家附近的商店，問問他們開了幾年，是如何演變成現今狀態。或許是家庭經營的雜貨店。你也可以用同樣的方式研究嬰兒如何學走路，讚嘆他們獲得不可思議的技巧和平衡。

你可以注意企業的生命故事——它們何時走路、何時跑步,何時重構自身計畫的故事。

企業必須不斷改變、探索、進化、拋棄和前進才能存活。磚塊代表培養專注現況的精神靈活度,以便能完全投入並接受不確定性而繼續前進。我們都沒有水晶球,看看企業長期下來改變了多少,能提醒我們保持靈活的思考。這也鞏固了風險管理的其他核心工具:藉著擁有一部分你所創造的東西,來規劃成功的可能性。

擁有潛在利益

如果你做創意工作而且成功了,然後呢?試想像一條船,它在市場海洋裡保護你的創意空間架構。當你成功後船是否隨之成長,完全仰賴你是否擁有你作品的一部分。

所有權是很基礎的概念,很容易沒有充分想清楚它的後果。我花了很多時間思考所有權的概念,因為那是關於創意工作的經濟體制中最脫節的部分。價值要在市場裡正確流通,必須有所有權概念。我要展現給你看的是,租用和擁有東西的差別,包括你的時間或作品。箇中差別是經濟中最深奧的槓桿之一,也是能妥善管理創意作品進入世界的方式中最成熟的工具之一。

請容我以檢視開發中國家的所有權（財產）作為基礎，比較容易看出什麼可能被視為理所當然。什麼是財產？你可能想到的不動產就是土地，或是你家裡的個人財物。比較廣泛的財產定義有兩部分，作為「物品」的本質和作為可交易、可販賣和可投資之價值載體的法律性質。例如，你擁有你居住的房子，但那棟房子也能以金融工具的方式存在，你有法定權利，可以用它來貸款。它既是房子也是金融工具。

赫南多・德索托（Hernando de Soto）在他 2000 年的著作《資本的祕密：為什麼資本主義在西方成功，在其他地方失敗？》中主張，開發中國家的全體窮人擁有價值數兆美元的東西，包括不動產，但他們並未擁有法定產權。少了產權能帶給他們的法定所有權，他們的物品成了德索托所謂的「死資本」，他們的東西不能參與市場機制。德索托寫道：「他們有房子但沒有產權；有穀物但沒有地契；有企業但沒有公司章程。」

後果就是經濟體本身無法以現代化、西方資本主義的方式發展。如果你的房子增值，你無法輕易賣掉它獲利，除非你有法定產權。如果你想買房子但只有貸款才買得起，那就不可能

獲利。沒有健全財務所有權的法律體系，交易管道會被封閉，經濟停止流動，人民難以累積財富。

為了證明其論點，德索托的研究人員團隊在 1980 到 1990 年代開始嘗試在開發中國家把小企業公司化或收購財產的計畫。他們嚴格遵照法律，看看這樣做將要花多少時間。他們的推論是，民眾先前沒尋求正式法定所有權是因為太麻煩了，也就是交易成本太高。結果他們說對了。有個研究團隊嘗試在祕魯的利馬郊外開一家小成衣工廠，他們每天工作 6 小時——填寫文件、在登記單位等候、搭公車進市中心。讓企業正式完成登記花了 289 天，過程花了他們 1231 美元，大約是當時每月基本工資的 30 倍。研究人員在許多其他國家發現，取得法定所有權同樣有類似的困難。

雖然我們可能自認不是如此，但企業家以外的大多數人確實只租用而不擁有我們工作生產出來的東西。我們是公司的員工，公司擁有我們製造的東西。我們或許有重大優勢，在無數方面都勝過德索托和他的研究人員所研究的民眾，但我們同樣缺乏財產權的完整權利。

如果你拍一部電影然後賣斷 10 萬美元，你不再是那部片的財產所有人。如果你改持有 10％股份，電影收入 100 萬美元，你也一樣賺 10 萬美元，但卻是完全不同的機制和風險決策。持有 10％股份，你可能的獲利為零或無限大。介於兩個例子之間

的折衷方法就是健康的結構——或許5萬元的薪水和5％股份，或其他中庸的方式。

領薪水或收固定專案經費的人，基本上都是在出租他們的時間和腦力。穩定收入若是第一優先選項，領薪水有時候是很好的個人風險管理決定。但在創意工作的案例中，擁有至少一小部分你所貢獻的東西十分合理。

人們擁有他們作品一部分的常見方式，包括版稅和股票（或股票選擇權）。你擁有所有權股份之後，就得分擔風險，也可能賠錢，但若是成功，船會隨著你成長。

投資人兼科技專家安德里亞斯・馮・貝托斯海姆（Andreas von Bechtolsheim，綽號「安迪」）的預測可以說明這一點。貝托斯海姆最出名的頭銜或許是昇陽公司共同創辦人，他從青少年時期就開始收版稅。1973年15歲時他還在德國，為英特爾的8080處理器想出一種新奇的微處理系統。他在高中時期因太年輕無法做正式的工作，所以公司提議付他版稅而非薪水。他承受了一般及現金流兩種風險——賣掉東西才有錢拿，而且完成工作後很久才會收到。因為該產品賣得好，2年後他賺到足夠的錢去美國讀書。那筆版稅奠定的財務基礎(例如沒有學貸債務)間接導致他能夠創立昇陽公司，接著讓他能夠在1998年開出10萬美元支票給「Google公司」。這張支票讓賴利・佩吉和瑟蓋・布林把他們的生意公司化以便兌現。他以收版稅方式對自己的

成功下賭注，而且贏了。

專利權收入對第一章的球囊導管發明人湯瑪斯‧佛加提的人生也很重要。他取得突破，發明了這個器材，但佛加提找不到公司願意量產。被拒絕20次之後，佛加提碰巧認識了艾伯特‧艾爾‧史塔（Albert "Al" Starr）。史塔在佛加提的領域是個名人，1960年9月21日，他成為第一個在人類心臟植入人造僧帽瓣膜的心臟外科醫師。史塔也發明了他植入的心臟瓣膜。他和一個名叫麥爾斯‧洛威爾‧愛德華斯（Miles "Lowell" Edwards）的退休水力工程師密切合作。為了量產該裝置，愛德華斯成立一家稱作愛德華斯生命科學的公司。佛加提認識史塔之後，史塔打電話給愛德華斯說：「你一定要幫這小子做導管，因為他找不到人做。」

愛德華斯照做了。愛德華斯生命科學公司去跟佛加提簽約時，他們直接複製史塔的合約條文。合約給了佛加提跟資深外科醫師完全相同百分比的版稅，這筆專利權收入在佛加提的人生中成為重要財源，鋪好路讓他後來又擁有至少165項其他專利。

當你做出創意作品——生產起來很沒效率，而且在價值明朗之前你必須投入時間與資源的東西，並擁有全部或部分權利，能讓你得到自己發明成果的利益。比方說有人提供你1000美元做個專案，他們相信你的作品將會有2000美元利潤，所以他們想付給你一半。如果你改收500美元，並且擁有他們預估收入

的特定比例，若收入超出預期，你就能得到超過另外 500 美元的利潤。你如果能讓固定費用支應你的生活費，你的小船就能保持平衡，也能納入自己作品中有趣的所有權股份。

在視覺藝術圈裡缺乏所有權股份體系的這件事，對於解釋在任何類型創意作品中所有權股份的潛力很有啟發性。1973 年在當時稱作 Sotheby Parke Bernet 的拍賣公司那場有名的史卡爾拍賣中，計程車大亨羅伯特・史卡爾（Robert Scull）以 8 萬 5000 美元賣掉一幅在 1958 年僅以 900 元購入的羅伯特・勞森伯格（Robert Rauschenberg）畫作。勞森伯格出席了那場拍賣會，在結束後與史卡爾發生衝突，據說揍了他或推了他。史卡爾收到的價錢，是勞森伯格在自身職涯中幫忙創造的價值，但勞森伯格一點好處也沾不到。他已不再擁有那件作品的所有權股份。

在這個脈絡中，想想看藝術家和作家的收入方式多麼不同。在史卡爾拍賣發生的 1973 年，勞森伯格的長期情人賈斯柏・約翰斯贈送或販賣了一幅他的畫〈旗子〉給他的密友作家麥可・克萊頓（Michael Crichton）。2010 年那幅畫被克萊頓的家族賣了 2860 萬美元。約翰斯和克萊頓兩人都很成功，他們以不同的機制獲取金錢。克萊頓一生賣出了兩億本書，每次他都收版稅，即使他在 1970 年代寫的書在千禧年代只賣掉一本。約翰斯則只在每件作品初次賣出時收到錢。

1973 年起，藝術界領悟了再販售版權（resale royalties）的

觀念，這個架構允許藝術家擁有他們藝術品每次轉售時增額的某個百分比。加州在 1976 年通過立法，但是之後根據美國憲法的州際貿易條款產生了爭議，法條在大多數案例中並未妥善執行。立法後的前 30 年，只收到了 32 萬 5000 美元，與加州這段期間內藝術貿易的規模相比，實在微不足道。評論家也引述這項事實說，藝術家們在職涯中達到某些成就之後，他們才會受益於轉售版稅。

評論家沒注意的是，轉售版權作為財產權的基本性質，這應用範圍遠超過藝術圈。一旦取得，隨時可以交易。擁有轉售版權的藝術家，可以在實際收到版稅的許多年前，將此權利賣出當作投資。整個股權市場也可能形成為賣出股權的藝術家創造贊助資源，也是那些股權買家分散藝術投資的媒介。

同類的設計對任何領域的人都有用。一旦你擁有自己作品中的股票或版權——無論單獨工作或在企業保護傘下，你針對自己作品作風險和投資決策的能力，會發生劇烈的改變。可交易版權或股份的邏輯，可以重塑許多所有權和酬勞給付的形式，從更為普遍地專注在價值本身開始。

想想你收取酬勞的方式。你是領薪水的嗎？當你創造出獎金、股利、版稅等價值時，你擁有股票、股票選擇權，或其他酬勞形式嗎？你在獎金、股票或版權系統可能被實現的文化氛圍中工作嗎？例如，我有個朋友是老師，姑且叫她潔西卡。她

的班級人數增加了30％，薪水卻沒有改變。她的工作量增加，學校透過學費得到的收入也上升。無論你是否認為你有能力立刻向學校協商加薪，請試著注意你的酬勞和你的價值如何產生連結。你所屬的組織有多少預算比例成為你的酬勞？你產生了所屬組織的價值的哪些部分？

你可以去 Guidestar 網站上看看美國非營利組織的廣告，或去證券交易委員會網站的 EDGAR 資料庫查閱任何美國上市公司的財務報表。你也可以在美國政府的勞工統計局中查閱一篇根據職銜的薪水研究。你能想出一套融合了承認你的價值，並且能夠以薪水和獲利來支應你生活開銷的方式嗎？

如果你想要分配版稅百分比或股票數量，你的思考方式該是考量「附加價值」。如果你把自己抽離一個狀況，會發生什麼變化？問題的答案決定了你的附加價值。如果沒什麼變化，你就沒有附加價值。你的所有權應該跟你的附加價值成正比，按比例計算而非固定額度。

有時候附加價值很難量化。我曾聽說過一位平凡市政府退休人員的故事。幾個月後，她的部屬打電話詢問可否付費請她來參加他們的會議，他們發現她光是在場就能改善大家的對話。你的價值可能短暫，或明顯可以量化。如果你無法拿到股份，可以要求像作者掛名或選擇權（如果日後上市能分到股票的承諾）等非金錢形式的所有權（新創公司由「可轉債」——日後可

以轉換成股票的貸款——籌資的情況越來越普遍。在你投入時間的案子中，你可能意願無償地貢獻時間。但如果你付出時間是因為沒有錢可拿，可轉債或許是有潛在助益的架構。你的時間價值會被視為貸款給新創公司，這筆債日後可以轉換成股票）。

當你想要所有權與價值一致，最好記住你從其他人所收到的財務及其他方面的支持。在某些案例中你必須放棄大部分所有權，因為有別人冒了很大風險資助一個計畫。例如，付你固定薪水的雇主其實冒了很大風險賭你真的會有績效。即使你只擁有作品中很小部分的股權，你還是能分到你創造出來的報酬。

終究，你擁有東西比你拿到正確的金額重要。沒有標準答案。有的數字可能感覺太高，另一個數字可能感覺太低，你最好採取折衷方案。有個我曾經效力的連續創業者說過，數字要不是大到不重要，就是小到無關緊要。你要不是在初期擁有Facebook 的一部分，就是擁有倒閉公司的一部分。結果不是大到每個人都能分一杯羹，就是小到沒人真的分到東西。

無論如何，你會看到關於創意工作的財務決定朝著所有權方向產生轉變。在電視領域中，有線頻道 Showtime Networks 執行長馬修・布蘭克（Matthew Blank）說過，長久以來他篤定地替公司選擇要擁有自己製作的節目，這是對自己節目品質的信任支持，也是擁有他們所創造的未來利益之風險報酬投資決策。

擁有股份能解決一些明確和重要的目標。首先,它讓你的利益與貢獻的價值一致。其次,它釐清財產權的界線,可以比較容易地在合作、交易或完成計畫的過程中,能夠給出東西。第三,它允許你藉著取得部分所有權的容易程度,更加精確地表現更多創意工作的行動在整體上實際是怎麼一回事。

當整體少於零件的總和

要建立部分所有權的框架,我們必須同時考慮法律和科技兩方面。科技能讓你進入一個自己不只擁有作品股份,而且許多人可以輕易管理很多不同計畫的部分所有權世界。科技讓輕鬆管理部分所有權成為可能之後,長久下來,你可以擁有你過去從事的所有計畫的整套股份投資組合。這個可能性通往一個潛在的未來,讓你不是死領單一薪水,而是持有些微股份的「像素化」投資組合。不是擁有單一巨大保守的沙發,而是有許多不同的小零件湊在一起,好像點彩派畫作中的一個個小點,成為夠穩定的支撐基礎。

要做到這點,共享的經濟所有權必須針對現有法律去設計。源自智慧財產權法律的法律框架,傾向分配完整所有權給某一方或另一方。若不是授權和版權的規畫必須建立在現有智慧財產權法上,就是法律本身必須更新,以反映超越單純共有版權

的協力創作現實。

在寫作、電影和音樂等創意領域中，版權體系的存在讓創作者們，輕易地擁有他們作品衍生利潤的一部分。以音樂界為例，有時候藝術家主張他們必須擁有較大的股份，因為他們持有的部分低於舒適範圍的下限。

在視覺藝術等其他領域中，版權體系並不完整存在，即使有，也會帶來重大訴訟。

部分所有權缺乏規畫會有個重大缺點。我即將要描述的部分就像動作片劇情：主角踏上進入森林的平凡旅程，但是他沒帶雨衣或水壺。暴風雨來襲，乾旱發生，主角必須反抗。風暴來襲後為生存而戰有種急迫感。不過重要的是，一開始就要帶雨衣和水壺。帶外套是個無趣的習慣，但總比在野外求生卻沒帶外套好多了。在此案例中，無趣但重要的習慣，就是隨時要對經濟和所有權的法律形式保持清楚的概念，讓你能迴避掉接下來將提到的，創意作品所有權系統不健全的狀況。

2000 年，有個名叫卡特・布萊恩（Carter Bryant）的人決定離開美泰兒玩具公司的職位，跳槽去其競爭對手 MGA 娛樂公司上班——在美泰兒的洛杉磯總部北方約 30 哩處。

美泰兒最大的產品系列是芭比娃娃，1959 年由露絲・韓德勒（Ruth Handler）發明的長腿金髮玩偶。從那時起，芭比就成

了這家先前以烏克麗麗和微型鋼琴聞名的公司之主力產品。

　　布萊恩有個點子，他想為 MGA 娛樂公司創作新類型的娃娃。這款娃娃像英國的辣妹合唱團，又像班尼頓廣告，也像豐唇的金‧卡黛珊，這款娃娃稱作布拉茲（Bratz）娃娃。她們有著大大的頭，誇張的五官，把芭比的衝浪手金髮美學帶領到令父母擔心的浮誇程度。布拉茲娃娃也比芭比的種族更多元。有個深膚色的角色雅絲敏是以 MGA 創辦人、伊朗移民企業家艾薩克‧拉里安（Isaac Larian）的女兒命名。

　　布拉茲娃娃在 2001 年上市。到 2004 年，美泰兒控告 MGA 娛樂公司。美泰兒宣稱布萊恩是在美泰兒研發出布拉茲娃娃，所以美泰兒擁有版權。從 2004 年起，法院的判決一直在兩造之間搖擺不定。纏訟十餘年之後，最明顯的贏家似乎是收費的律師（到了 2014 年，光是美泰兒就付了 1 億 3800 萬美元的訴訟費用）。無論誰擁有智慧財產權，布萊恩發明娃娃的報酬，就像在法律程序中遭到了監禁。

　　法定所有權是黑白分明的，但是部分所有權的灰色地帶可以比較彈性地分配價值。二元化的法定所有權聽起來或許簡單無害，其實這就像溫水煮青蛙，因為那是我們早已習慣的運作體系。從事創意計畫有風險，也需要合作。用贏家全拿的方式分配智慧財產權的法律體系，不利於支援創意工作的設計限制。

在版權法中，你不是有「合理使用權」，就是沒有。在專利法中，你不是擁有專利權，就是沒有。在商標法中，你不是侵害了，就是沒有。尤其在版權案子中，法律框架傾向二元化所有權的關鍵理由，是它們源自言論自由。言論要受到真正保護，就必須被徹底擁有：對，你可以說，或者不對，你不能說。言論自由是民主制度最核心和重要的信條之一。即使如此，我們針對智慧財產權經濟面的某些法律框架或許必須更新，以更健全地納入協作的現實，以及創意作品中共同財務所有權的需要。

在美泰兒和 MGA 娛樂的案例中，或許其中一方感覺吃虧太多而提告，但是判決來回搖擺了那麼多次，雙方都有道理的可能性越來越高。重點或許在於受雇的工作契約本身已經嚴重落伍了，美泰兒甚至據此聲稱，他們一開始就擁有員工作品的完整所有權。

以部分所有權而言，企業可以談判並議定一個百分比版稅而非打個你死我活。智慧財產權案件慣例是用協商授權費的方式和解，但是我們可以更有意識地建構整個體系。身為自身契約的遵循者，你必須研發保留共享所有權的方法，即設定授權，若有受雇工作條款時再予以修改。聘僱和顧問合約條款也很重要，若有爭議，告上法庭之前雙方必須進行調解，以協商出一個授權協議。

墨守成規地思考部分所有權，可能很快就會變得像哲學般

複雜和抽象，因權利幾乎不可能被完美分配。例如，如果某知名藝術家只有在深夜吃披薩激勵自己才能夠製作有價值的作品，披薩店對他的作品擁有任何權利嗎？為何羅賓・西克（Robin Thicke）因為他歌曲〈Blurred Lines〉的音樂出處，被馬文・蓋伊（Marvin Gaye）的繼承人成功控告，滾石合唱團廣泛地引用藍調音樂家卻沒關係？在某個程度上，許多參與者都能宣稱他們擁有附加價值，貓王的音樂沒有藍調音樂家就不會存在，但不是人人都能拿到錢。試著分享創造出來的價值很重要。隨著科技進展，部分股權的監督和小金額的轉移更能被廉價且輕鬆的管理，開啟了所有權經濟的一面。

最近藝術圈有個關於版權的案子——卡里奧對普林斯案，凸顯了版權之侷限，以及部分所有權對創意作品如何具備基本重要性的另一個面向。

2000 年，名叫派崔克・卡里奧（Patrick Cariou）的藝術家出版了一本稱作 *Yes Rasta* 的寫真集。卡里奧花了 6 年時間住在牙買加的拉斯特法里教派社區中，拍攝當地居民的照片。後來，卡里奧從這個作品賺取了大約 8000 美元。

2007 到 2008 年間，藝術家理查・普林斯（Richard Prince）開始展出一系列大型畫作，題名為 *Canal Zone*，大量引用了卡里奧的作品。於是卡里奧控告他。

職業頭銜上，卡里奧和普林斯雙方都是「藝術家」，但卡里奧被稱作人種學攝影師，而由傑出交易商賴利‧高戈先（Larry Gagosian）代理的普林斯，在藝術圈以「盜用」（appropriation）藝術家聞名（藝術界充滿了「盜用」之類的詞彙，以描述拓展藝術定義界線的行為，它有時候能創造出美麗作品，但不會允許被小學生用在家庭作業上）。

本案中的「盜用」意指直接拷貝。在 1970 年代，普林斯重拍了經典的萬寶路牛仔廣告，當作自己的作品呈現。在 1990 年代，他做了〈護士〉系列，把一本以護士為主角的廉價黃色小說封面圖掃描進電腦，然後在那些影像上作畫。本案中，普林斯把卡里奧作品的大型複製圖拼貼至表現主義、抽象符號的畫布上。案子判決有兩個方向，細微差別的方式和重要程序細節，然後和解。

從法律觀點看，版權法提供了清楚的框架。有時候詭異地把法官放到藝術史學者的立場上，去查明普林斯是否修改卡里奧的裸體男女照片到一定程度。但從經濟觀點看，卡里奧和普林斯顯然都可以宣稱擁有一部分的「附加價值」。少了任何一方，本案中的作品就不會存在。

經濟上，他們應該各自擁有一部分。具體而言，所有權的安排該如何建構？我們必須檢視不同形式的價值如何流通，以及盜用行為中有何得失。一般雖然容易從討論藝術價值開始，

但美學的成就很難被定義，這其實也不是最重要的焦點。你可能欣賞卡里奧的原版作品，甚至普林斯盜用版本的藝術性，但最應該先問的是經濟問題：

- 卡里奧賺了 8000 美元。普林斯賣掉幾幅畫，各自賣超過 1000 萬美元（不清楚他實際分到多少，但通常藝術家與交易商是對半拆帳）。普林斯要花多少錢才能自己重新創作那些照片，而不依賴卡里奧的作品？卡里奧花了多少錢拍那些照片，即使相對於收到的 8000 美元來說他其實是虧本的？考量他時間的機會成本，他放棄了其他更有利的工作去拍攝嗎？

- 普林斯的展覽有什麼擴大的價值？你心裡可以暫時把普林斯想成卡里奧的經紀人。普林斯把卡里奧的作品帶進高階藝術情境之中，置於普林斯現有名聲的保護傘下。這兩個因素都帶來實際的經濟衝擊，如同好萊塢經紀人發掘了一個女演員，可能讓她的收入激增。

- 普林斯的作品，是否妨礙卡里奧繼續進行自己創意行銷的能力？盜用是否干擾了原版的持續生命？

這些問題合在一起，重點在於生產經濟學，指卡里奧的實際費用和他的機會成本，還有普林斯先前的成本，也在於聲譽受損和可能的侵害。基本上，花了多少錢，省了多少錢，增加

了多少價值，未來可能造成卡里奧多少成本損失？這些都是你可以套用到任何類似情況的問題。

如果有人要求我扮演哲學家國王判決此案，我會給卡里奧10萬到25萬美元之間。比起普林斯的賣畫收入，相對來說是筆小數目；比卡里奧先前的收入而言，則是相對的大數目。至於賠款會落在10萬到25萬區間的哪裡，就要看卡里奧的個人經濟狀態。設計出談判本身的框架也很重要，只要傳統的版權法存在，這種經濟對話就會需要進入審判前的協商。我寧可認為，從普林斯的立場，甚至他的代理商立場，25萬美元比起訴訟費本身划算太多了；而對卡里奧而言，10萬美元比起花3年時間創作賺的8000美元優厚多了。

身為哲學家國王，我也會早點研發一套計畫，讓藝術家能擁有他們作品的轉售版稅，或其他形式的股份。我會給卡里奧一部分普林斯的轉售版權，或許普林斯的15％股份中的1％。目的不是無中生有地榨出特定金額來；它們並不存在。訴訟一開始，卡里奧和普林斯兩造都是他們自己電影中的主角。目標是努力公平對待兩套劇情內容，以及在經濟上歸於適當的人。現實是因為普林斯的盜用，將卡里奧拉進來成為協力者，他們必須共享他們創造的潛在利益。即使卡里奧確實花了3年創作了一個沒賺到錢的案子，卡里奧仍然必須慷慨一點，因為他並未打算將作品商業化，所以他至少不需要冒著擔心別人會跑來擅自將他的作品商業化的風險。

在版權之外，部分所有權的平台體系存在於許多領域，可以推廣管理任何類型創意作品的股份。

在製藥產業，Royalty Pharma 這家公司創造了一個製藥特許費股份的市場。1990 年代末期，曼哈頓的大型癌症研究醫院——史隆・凱特靈紀念醫院發現自己擁有某個特定資產的集中所有權。醫院擁有兩種癌症相關藥物 Neupogen 和 Neulasta 的版稅。

在大多數國家，這兩種藥由安進（Amgen）公司生產。2009年，這些藥的全球銷售額是 46 億美元。史隆・凱特靈紀念醫院的股份估價約 5 億美元，相對於醫院的 16 億捐款收入總額來說，是個很大的數目。Royalty Pharma 的做法，是以 4 億美元收購醫院特許費的 80％。這表示史隆・凱特靈紀念醫院仍可冒著風險在剩下的 20% 中得到特許費的潛在利益，他們也可以獲得現金以投資在許多其他東西上，這利於分散化他們的投資組合。

數位作品所有權的特性

新模式的所有權體系，也存在於音樂的發行和經銷領域。直到 2015 年都在 BitTorrent 平台擔任內容主管的麥特・梅森（Matt Mason）與音樂家合作，創造了 BitTorrent 群組——在該平台上發表音樂合輯。音樂家擁有作品的絕大多數價值，他

們將股份分給 BitTorrent 以交換經銷工作。BitTorrent 的股份比例遠低於 iTunes 等其他發行商。2015 年 Fast Company 商業雜誌指名梅森是該年度商場上最有創意的一百人之一。

比較廣泛的所有權平台，要看該類型數位作品的本質，因為數位檔案可以無限複製。在我擔任顧問的公司——Bitmark 的平台裡，我密切觀察過這點。創辦人西恩·莫斯－普茲（Sean Moss- Pultz）在生下長子時，靈機一動，創辦了這家公司。身為移民台灣的加州人和睡眠不足的新手爸媽，西恩閒暇時想到，他很希望有朝一日能把龐大的音樂收藏傳給兒子。如同我們大多數人，他的音樂多半是數位儲存的。西恩忽然想到，他並未真正擁有那些內容。他擁有的是使用歌曲數位複製品的授權，這些授權會跟著他進墳墓。他很難過他永遠無法把他的音樂收藏傳給兒子。

西恩沒有就此作罷，而是成立一家公司。他猜想他用在工作上的科技形式，一種複雜編碼機制，讓他可以比較容易知道一個數位檔是正本或拷貝。身為物理研究所中輟的數學高手兼連續創業者，西恩建立了一套區塊鍊結構，像比特幣一樣非常複雜難懂的機制，它是分散式網路作業不會被窄化，方便但也很難解碼。平台會成為登記處，讓數位物件獨一無二。因為這個認證，你可以再度擁有現已數位化的專輯，你的電腦能分辨專輯是獨特而非盜版的。

像 Bitmark 這種平台讓管理物品的部分所有權越來越可行。如果你能安全地發行像專輯等數位的物件,電腦可以幾乎像管理整體一樣輕易管理那些物件。所有音樂人都能鉅細靡遺地收到不管是多微小的版稅,即使是排在第30名的候補主唱也可以。或者,如果你投資朋友的公司,基本上你可以得到一小部分的所有權而非群募網站紀念品。電腦科技很擅長以不同於傳真機和紙本支票的方式,管理這些細節。

　　法規環境正在迎頭趕上,讓這種民主化的所有權更具有彈性。2012 年,美國國會通過了 JOBS 法案——新創企業啟動法案(Jumpstart Our Business Startups Act)。該法律旨在放寬私募法律,讓更為廣大而非已經很富裕的投資人階級,更容易購買私有企業的股票。[1] 你不只是把錢投入你朋友的群募活動,還可以擁有他或她公司的股票。如果順利,你就擁有公司的一小部分。如果公司倒閉,你的貢獻就轉為禮物。隨著立法環境持續進步,科技的存在也讓這類平台變得可能。

---

1 現行美國法律之下,如果你是「認可投資人」或「合格購買人」你才能投資私有股票,資格是你必須擁有 100 萬美元或 500 萬美元資產。認可投資人的標準來自 1933 年證券法案中的特例「D 法規」,強迫企業須向政府申告,除非他們只向認可投資人收錢。其理論基礎是大蕭條過後,政府應該監管各企業保護公民免於在投資詐騙中一貧如洗,但如果你有很多閒錢,他們就不會管你。財富代表著熟練世故,或者是你能雇人提供建議的指標。如果你能獨資一年賺 20 萬美元,或合資賺 30 萬美元並預期可持續下去,你就符合「認可投資人」標準。「合格購買人」的標準則來自 1940 年的投資公司法案。這兩項標準是否適用,要看你想投資的公司之法規狀態而定。

比較需要的是，我們要能適應這種部分式思考：我們自己的計畫和宏觀的報酬體系。部分所有權在某些方面近似個人的金融化規畫，它也比其他工具更能夠把創造的價值和收到的代價一致化。如果我們能適應它，更多人的職涯可以開始脫離作為生產公司的勞力輸入、領死薪水的生產經濟學，轉變成勞工兼投資人的融合狀態——你將是你所參與計畫的共同擁有者。

長此以往，隨著智慧財產權股份的科技管理能力的成長，可能會有更多人得以作出企業家的決定——減少你的固定薪水去交換你創造之價值的所有權股份。當更多勞工成為自由工作者，更多公司像 Uber 利用自由個人的狀態，財務上而言，我們都可能成為像素化所有權的持有人。你的正職可能形成沙發，而你的版稅投資組合可能像小像素拼湊在一起，身為一個創意人終能在許多不同的案子裡，創造出連貫的、更大的投資圖像。

在此的核心轉變是從效益極大化轉變為創造價值，從消費者到投資者。一旦你正確分配財產權，市場將可以更接近把企業作為媒介的終極理想：讓價格等於價值。建立投資組合和重新思考所有權股份雙管齊下，能讓船保持平衡，並促進創造未知的價值，最終回報給每個人內心的藝術家。

創意作品的發展既複雜又不確定，需要收入式和投資式投資組合的雙重結構性支持。分配所有權股份允許你從協作者、價值創造和管理探索新事物的實質風險之觀點進行思考。

下一步是建立組織環境和組織文化，讓合作和開放結果的過程變為可能——不管是對個別工作者，或對較大規模的團體與整體企業而言都是如此。下一種要分配的財產權不是你作品的所有權股份，而是在你職場中的角色和責任。

第五章
加入戰局

分派角色，組成有同僚兼朋友的團隊，
協調創作理想和務實執行的管理計畫。

管理是一門技藝，不是科學。要小心那些企圖把人類行為
數學化與量化的人——你絕對不可能把所有事都貼上數
字。依我的思考方式，那是想像力失靈。

——唐納·基奧，可口可樂公司名譽總裁

1966 年進入西伊利諾大學念書時，艾德・艾平（Ed Epping）
從未打算成為藝術家，更別說成為負責管理幾十個學生創意發
展的藝術教授了。他和父母開車去報到那天，熱浪襲擊整個州。
他父母已經離婚，不是一直吵架就是在充滿敵意的沉默中靜坐。
他母親堅持艾德穿運動外套，整整兩小時半的車程中他都穿在
身上。他們的 1954 年別克汽車沒有空調，收音機大聲播放著芝
加哥九名護士被殺害的新聞，犯人理查・史佩克後來被指認出
來。艾德說：「那天真不是個好日子。」

　　他們抵達伊利諾州馬科姆的校園時，大約 100 個新生和父母
們走進一座氣味像健身房更衣室的地下室，有個助理註冊員開始
滔滔不絕地講話。如果有些職務（像是接生嬰兒和迎接大學新
生），要求工作人員必須強調此事對另一方的意義，註冊員想必
沒收到備忘錄。她沉悶地講了 40 分鐘之後，分發著跟她剛剛發
言內容完全一樣的手冊。穿著運動外套的艾德只想盡快脫身。

他看著手冊的前幾頁，指示他如何填寫課程登記卡。手冊上的樣本課表是主修藝術的。當年在大型州立大學登記課程等於宣告你的主修。艾德太急著離開，就照抄範本內容。註冊員沒發現他的課表跟手冊裡的一模一樣，還誇獎他交得很快。

那個學期艾德有兩位不同的藝術教授：一位堅持技術性技巧，相信人體素描等等老派方法；另一位來自加州，充滿遠大想法和身為新生老師的熱情。艾德上鉤了。

艾德就是我在大學選修藝術課的理由。某個春天下午，我看到艾德的水彩班在溪邊寫生，當時我主修政治學。為了加入他們，我必須先上繪畫課，那是我在大學的第一門藝術課。在我當學生期間艾德沒有再教過水彩，但他有教我及幾十年來的其他人怎麼畫油畫——還有如何靠自己把創意延伸到工作上，以及如何與別人對話。

繪畫課第一天的開始，艾德會談到「批判」的問題。尤其是對剛起步者，他會說，講出事情的「好」、「壞」很容易。如果我們評斷自己不擅長某事或很笨拙，我們其實就是放棄對自己的作品負責。相反地，他要求我們要有「挑剔的自覺」。他要求我們觀察什麼有效、看出哪些優點可以發揮和什麼領域需要加強。艾德在教室裡做的是創造一個空間和對話，在裡面我們可以貼近自己的作品。他了解創作的弱點，並擴大他的能力，以個別和群體方式教導了很多人。

回想本書中曾使用過的一些工具，其中之一就是艾德的方法：他讓任何人都能安全地冒險找到他們的燈塔——投入一個未知答案的宏觀問題。如同第一章提到的焦點與背景構圖工具，艾德設定背景，讓我們作品的焦點能浮現。雖然背景設定為教室而非職場，但其實艾德管理團體過程中的困難和決定，也顯示在職場上管理創意過程的問題。

對協調和績效檢討的需要，帶來了在組織內管理創意過程的特殊挑戰。你不只要跟身為創作者的個人弱點搏鬥，還需要應付複雜的體制、重大目標和組織績效的嚴格要求。感覺上藝術工作室和任何企業文化或許是既陌生又不相干的。但在藝術教室裡，為了鼓勵大家全心投入作品、別怕途中的失敗風險時，你同樣需要評估績效。

在此脈絡中，創作過程中作品 (work in progress) 的經理人——我稱作 W.i.P 或「鞭子」——很像艾德的角色。他或她的職責不是直接解決問題，而是保留空間讓新東西成長。這可能是份密集又無形的工作，主要的工具是對話和過程，目標則是培養置身草叢中的個人心態，在無論是否營利都必須在市場中運作的複雜組織背景中，追尋燈塔問題。[1]

---

1 非營利架構也是一種市場架構。它是對市場失靈的獨特回應機制，其設計融合了法規和策略。

夠好的經理人

這個管理框架奠基於 20 世紀初期英國知名心理醫師兼小兒科醫師唐納‧伍茲‧溫尼科特（Donald Woods Winnicott）的觀念，他將「喜劇傳統」帶進心理分析的領域。

溫尼科特被傳記作者亞當‧菲利浦斯（Adam Phillips）推崇，認為他頗具路易斯‧卡羅（《愛麗絲夢遊仙境》作者）的文風。溫尼科特對如何養育健康小孩有很多主意，最有影響力的或許是「夠好的母親」（Good Enough Mother）的概念。[2] 溫尼科特認為天下沒有完美的父母，但在小孩人生早年的重要時期，從孩子的觀點看，他或她都與母親分不開，母親完美地反映和回應孩子的需求。不過，小孩與父母一體，只是個幻覺。長期而言，父母的職責是逐漸讓小孩覺醒而不再抱持幻覺。對溫尼科特而言，育兒行為是從幻覺到覺醒的引導式撤退。

創意過程的經理人就像夠好的母親——只是改為「夠好的經理人」。創意計畫是需要被照顧的新生兒，為了長大，它必須被回應和支持。日積月累，創意點子必須轉為自給自足，且能以完整形式存在於世界上。必須克服的幻覺是，創意點子「嬰兒」可以脫離市場而存在。點子終究必須證明它是完整並能自我支撐的。

---

2 溫尼科特從 1896 年一直活到 1971 年。從他寫作年代看來，應該可以假設他的觀念延伸到任一性別的雙親。溫尼科特本身有兩個姊姊，還有母親、保姆和女家庭教師。（菲利浦斯，《溫尼科特》，頁 28。）

夠好的經理人主要職責是創造一個「支持性環境」，一個可以安心地以真實的自己去探索和工作的空間。[3] 在缺乏支持性環境的案例中，溫尼科特發現小孩的對應方法是採取「假自我」——一種遮蓋真實身分的保護罩。假自我的後果很不妙。他寫道，「只有真實的自我才可能有創意。」

　　這不是說所有管理行為都必須成為支持創意的容器，也不是說所有好點子都必須這樣發展。事實可證，許多好點子的執行、偉大的企業，起始於強盜貴族、惡棍實業家和權謀投機者的蠻橫方法。其他成功的文化，像雷·達里歐（Ray Dalio）的橋水投資公司（Bridgewater Associates），把羞辱當作管理策略並做到極端的程度（達里歐偏好他所謂的「極端透明度」，把員工們的過失在同事面前明白指出，就像達里歐說的，「痛苦加反應等於進步」）。這裡的策略則是偏向保護新點子，在人際的重複與對話中、支持性環境的安全空間裡，給它們較長時間成長。

　　建立環境時，經理人並不像字面上的父母一般。探索邊界的幼兒、借車的青少年與成功的職人沒什麼共通點。如果傳統經理人強調檢討和激勵績效，卻犧牲能使人感覺可以安全伸展和探索完整潛能的環境，那麼組織根本不能觸及員工的完整潛能。夠好的經理人絕非完美，只是善意、堅持、專心又可靠，能為其他人維持創意環境。

---

3 支持性環境之概念，源自溫尼科特對二戰期間與父母分離之兒童的研究。他研究大轟炸期間被送出倫敦，交給護士照顧的 2 ～ 5 歲兒童。 值得注意的是，溫尼科特稱呼此過程是對兒童的「管理」。

在工作情境中，紮實的支持性環境的跡象是：人們能自由地專注在他們的作品上，而非把所有精力都用在維持表象、管理難搞的人或應付政治鬥爭。任何工作環境必定偶爾會被破壞，所有組織都有自己的複雜性和人際難題。終究，一個成功的支持性環境的關鍵特性就是修復能力。

對聽慣管理科學之期待語言的人，注重相容性而非卓越或許聽起來像是可疑的低標準。「夠好」或「適任」通常不是高度的讚美詞，但要設定一個支持性環境是個苦差事。你有很多責任卻沒什麼權威。你嚴苛又沒完沒了的任務是保護點子，同時要誠實，有時候也要質疑它們的進度。你不是在實行願景，而是維持嚴格而不操縱、鼓勵而不干涉的平衡。你的工作既重要又隱晦。

你的主要工具在對話，將它描述成一組角色會更容易明白。這裡有三個核心對話角色：嚮導、同事友人、製作人。嚮導像個好老師，提供你屬於自己的智慧；同事友人提供誠實和鼓勵；製作人負擔起讓點子能符合市場侷限的次要創意任務。無論你是被管理或自我管理，你可以尋求或分配這些角色，為處於過程中的作品建立良性環境。

大師與嚮導

　　管理 W.i.P. 的第一步，是專注在當個嚮導而非大師。作家亞當·高普尼克（Adam Gopnik）稱頌現代藝術博物館的傳奇策展人、死於 1994 年的寇克·凡納鐸（Kirk Varnedoe）時寫道：「大師先把他自己給我們，然後給出他的系統；老師先給我們他的學科，然後讓我們自己去做。」大師告訴你該怎麼做事情，嚮導則幫助你發現如何自己做那些事。

　　我必須釐清大師和專家的差別。人人都可以是某件事的專家，分享專長也是作出貢獻的重要部分。尤其在任何技術領域，運用專長是管理和領導別人的核心面向。專家在此是可以傳授技能的人，也是可以教導我關於任何特定領域「文法」的人。從芭蕾舞到電腦程式，每個領域都有自己的文法，也就是技術的基本結構和慣常理解的格式。但專家分享這種知識，讓別人也具備自行建造東西的必要技能。專家不像大師，傳授技能而不過問它的應用，跟嚮導一樣尊重別人的基本自主權。

　　你尤其可以在藝術學院裡的典型對話中，看出嚮導和大師的差別——「crit」，批評的簡稱，意思是你秀出自己的作品讓其他學生和教授針對它開始對話。雖然藝術學院的批評對辦公室文化聽起來可能陌生，不過批評的互動方式說明了針對處於過程中的創意作品的對話，因為這種批評是更針對個人的績效

檢討。2006 年，有個叫裘莉·芬克（Jori Finkel）的記者在題為〈批評的故事〉的文章中描述這種對話風格。芬克走訪耶魯藝術學院，當時位於保羅·魯道夫的野獸派藝術與建築大樓，是一棟有大量溝紋、堅固無比的水泥建築，與外界隔絕。

1980 年代的耶魯批評被稱作「地洞批評」（pit crits），因為它發生在深藏大樓內部的凹陷中庭裡，是被訓斥時可能有旁人聽見而大失顏面的某種理想化建築環境。現由大交易商大衛·卓納（David Zwirner）代理的畫家麗莎·尤斯卡瓦吉（Lisa Yuskavage）形容她自己 1984 到 1986 年間接受地洞批評的情緒狀態：「想想常見的惡夢：裸體站在公共場所，再加上你所害怕的其他事情，像是裸體站在磅秤上。」

我是在藝術學院期間接受批評時，初次想到嚮導和大師之間差異的意義。當時我們看著另一個學生拍攝電插頭和玩偶熊的模糊無說明影片。播到片尾，現場氣氛感覺煩躁又無聊。有位教授草率但權威地大喊：「你不能拍童年的影片！這都老套了。」我心想「其實可以的。只是這一部拍得不好。」某人在職場交出一個不成熟的計畫，和一個經理人只質疑主導策略而非檢驗執行方式，並沒什麼不同。

那位教授採取大師的姿態，告訴學生規則是怎樣；但嚮導可以幫助學生發現作品的優點和缺點，並要求學生改善可能努力不足的地方。嚮導的超能力就是把你反映回你自身，嚮導散發出一種包容氣息，既像鏡子般誠實的嚴厲，又用寬厚的語言表達並接納你先天條件作為起點。法蘭娜莉・奧康納（Flannery O'Connor）曾接寫信給她後來不再合作的編輯說：「我能夠接受批評，但只限於我想做的範圍內。」她尋求的是嚮導，不是大師。

不是所有藝術學院的批評都有這種大師氣質。藝術家約翰・巴德薩里（John Baldessari）在洛杉磯的加州藝術學院，教導一個幾乎完全奠基於批評的研究班。他對所謂成功對話的標準，不是他身為老師提供的真知灼見，而是他隨時可以離開教室但是對話卻得以繼續進行。他說：「我自認我的角色是扮演好的調解者或引導者。」

公司內部這種類似批評的對話，有個例子是皮克斯稱作智囊團（Braintrust）的東西：主管和其他人湊在一起互相幫忙，以解決進行中的影片問題的會議。皮克斯的老闆艾德・卡特穆爾針對皮克斯的智囊團會議說了類似巴德薩里的話，他的職責是「不是在當下實質檢驗點子，而是放鬆並檢驗現場的互動。」

保留對話空間為何重要，是為了在前往還不清楚的 B 點途中，保護對新點子的探索。創意空間的安全像手術室的無菌一

樣重要。卡特穆爾談到皮克斯的得獎賣座大片時說，一開始他們所有的影片都「很爛」：

我知道這是很直白的評語，但我還是會經常覆述。我選擇這個詞是因為用較溫和的語氣說，就無法表達我們影片的第一版真正有多糟。我這麼說不是想顯得謙虛或自貶。皮克斯電影起先並不好，我們的職責是把它們弄好然後上市——像我說的，「從爛到不爛」。我們現在認為很棒的所有電影都曾經很糟糕——這個觀念對許多人來說是很難掌握的概念。想想，一部關於玩具的電影多麼容易感覺公式化、愚蠢或過度商品化。想想關於老鼠做菜的電影可能多麼令人討厭，或《瓦力》開場的 39 分鐘完全沒對白感覺有多麼冒險。我們敢嘗試這些故事，但我們不是一次就做對。事實就該是這樣。創意必須從某處開始，我們真心相信做好準備、坦率的意見和漸進過程的力量——重做、重做、再重做，直到有瑕疵的故事找到出路或空洞的角色找到靈魂。

管理對話時，嚮導走的有趣路線是反映你自己而不會糾結其中。當我告訴繪畫教授艾德・艾平關於溫尼科特的「夠好的母親」概念，他說他總是先說清楚自認為是精神導師而非母親。他認為自己的職責是允許學生在邊界冒險；他想要建立一個他們感覺夠安全、可以冒失敗風險的環境。

我問他這是什麼意思，他說：

如果你看到某人走在邊緣——他們正在樓梯頂端即將失足墜落，必須有人介入，這我不打算干涉。我通常在那一刻心想，我們來看看如果你的作品墜落樓梯會怎樣吧。萬一失敗了我會前去幫忙。

這就是創造安全空間的難處。艾德像個隨時努力維持空間，讓大家不必有所顧忌的經理人。創意工作經理人的職責就像艾德，努力讓大家發揮先天的才能。他們有時候或許會走在邊緣。另一個結果則是他們總能交出好作品。優良作品有較大的波動性——好的更好但偶有低潮。當然，有些領域中安全的幫手和好結果比英勇壯舉更重要。但如果你專注在作品中高風險、實驗性的部分，以第四章的廣義投資組合比喻來說，你最好讓大家放手去試。夠好的經理人，就是讓人在嘗試真正偉大的作品時也能安全。

老師和經理人很容易遭遇到艾德所形容的界線，他們必須練習不過度認同人們的創意掙扎。這是最難拿捏的界線之一，因為你必須支持別人而非自己跳進去當作者。佛教徒老師馬修・李卡德（Matthieu Ricard）稱呼這種兩難是「同理心疲勞」。關於醫師和護士的一項研究中，李卡德和他的合作夥伴，神經科學家和德國萊比錫的麥斯普朗克學會主席譚雅・辛格（Tania Singer），發現有同理心的人直接認同他們病人的困難，會容易

疲勞。而有同情心的人，感覺跟病人有較廣義的人性連結，他們卻能保持活力。任何擔任嚮導角色的人都做了很多同理心的工作，其反映人們情緒，設身處地看著他們。但在經理人角色中，像艾德，你必須有意識地判斷何時可透過同理心將別人的作品視做自己的，何時須堅守同樣溫暖但健康的同情心界線。

話雖如此，管理處於過程中的作品之第二角色其實比較個人化，就是同事友人的角色——在你領域中的某方面以溫情、幽默和友誼與你互動的同僚。他們不是維護安全創意空間的容器，而是和你一起在裡面。在某個程度上，你讓這些人進入你藝術性自我的內心深處。他們改變你，你也改變他們。

同事友誼

1970 年 5 月 29 日，年僅 34 歲的藝術家伊娃·黑塞（Eva Hesse）因腦瘤去世。她的密友兼夥伴藝術家索爾·勒維特（Sol LeWitt）在巴黎得知噩耗時，正在準備預定 3 天後於 6 月 2 日開幕的作品展。在短短這幾天空檔，勒維特想要做個作品參展以紀念伊娃。那是勒維特職涯中第一次使用「非直線」的線條。在那之前，勒維特作品的所有線條向來都是直線，無論像組合家具的高大方塊或壁畫上的方格紋路。勒維特描述「壁畫 46 號」這個作品寫道：「我想在她去世的此時，做個能成為我們工作

間連結的東西，於是我採用她的和我的特色。它們合在一起還不錯。你可以說那是她對我的影響。」

這個決定的影響遍及勒維特職涯的其他部分。他把「非直線」帶進了 90 多個作品中，最後在近期的 Loopy Doopy 和 Scribble 繪畫系列上發展出更加非直線的線條。在創意上對別人開放，使得他們能夠影響你的作品到底有何意義？伊娃和勒維特有異常深厚的友誼。同事友誼比較廣泛的層面，是它奠基於對彼此作品的深厚情感和深入了解。所以去發掘你的同事友誼吧！他們如果碰巧對你自己的創意職涯有深刻的影響，請好好培養這樣的關係。

勒維特對伊娃也有影響。1965 年 4 月 14 日他寄給她一封手寫信，回應先前從伊娃夫婦定居地德國寫來的信──信中透露出她當藝術家的不安全感。他回信說：

我對妳很有信心，妳的作品非常好，即使妳陷入自我煩擾中。試著做些壞作品吧！做一些妳能想到的最爛的東西，看看結果會怎樣。但最主要的是，妳得放輕鬆管它去死。妳不必對全世界負責──妳只對自己作品負責，所以做就對了。

勒維特在每頁的底下都用巨大方塊畫出「做」這個字。於是那一年展開了伊娃最有創造力的時期，從 1965 年直到 1970 年過世。

同事友誼，尤其到勒維特和伊娃那種程度的交情，相當罕見。但它也是普遍具有情感和尊重的友誼類型的一部分。

同事友誼經常落在更廣義的友誼型態上，例如在鄰居、兄弟姊妹和大學室友等等之間，情境碰巧讓你親近不太像你的人。你要尋求在一般技能上有著不同優缺點，但和你有類似工作價值觀的人——公平、誠實、準時、透明，諸如此類。

同事友誼經常存在於職場上彼此對等的善意中，它的成功並非零和遊戲。有時候或許你們雙方都想要同樣的升遷或財源，只有一人能贏。但大多數時候，同事友人並不像世界盃總決賽，只有一個贏家，一個輸家，反而更像水漲時一起升高的船隻們。試探和建立善意的其中一種方法，是在上司或客戶面前試著讚美同事。同事友人會回頭讚美你，直到你們的企業文化都認為可以安全共事的程度。

這個點子類似以擔任溫斯頓‧邱吉爾的個人醫師聞名的莫蘭爵士（Lord Moran）的面談手法。直到 1945 年，莫蘭爵士也都是聖瑪麗醫院附設醫學院的校長，比羅傑‧班尼斯特的時代大約早了 10 年。莫蘭爵士面談未來的學生時，會在對話中的某個時間點伸手下去撿起一顆橄欖球。他把球丟向面談者，如果你接住球就會錄取，若你把球丟回去還能拿到獎學金。班尼斯特拿到的獎學金後來就以莫蘭命名。

看看你能否培養出類似的、與同事玩耍的習慣。他們會接住球丟回來嗎？我向來不懂為何多數人不採取誠懇、搭檔、魅力的攻勢，尤其在客戶面前。這或許是我身為南方人的內心話，如果你能讚美別人並讓他們誠心讚美你，大家都能被拉抬，也會比自誇容易得多。

另一個試探和建立同事友誼的工具，是嘗試從手機時代之前就有的鄰居善意。例如，我想起某個凌晨我媽陣痛要生妹妹，我爸媽打電話吵醒對街鄰居過來陪哥哥和我的那一次經驗。在職場，你同樣可以冒個小風險與別人交往，反之亦然。看你們能否建立健康、彈性、長期互惠關係。試著照顧家有喪事的人或向人求助，看看結果會如何。

如同任何友誼，同事友誼有無可避免的情感真實面。密切注意與某人互動之後，你感覺較好或變壞。看著他們說話，就像在陌生語言的國家看電視螢幕那樣。他們看似在說實話或演戲？你對此感到安全或有所啟發嗎？

一般友誼中可大可小的某些特性，在同事友誼中可能變得更加重要——主要是可靠和守時。你必須能夠信賴別人言出必行和準時出現。人人有自己的極限，有些人天生比較能自律。如果守時或可靠不是你的強項，那你可以改用誠實和自覺培養同事友誼，試著理解那些特質對別人和整體工作文化有多重要。如果你總是遲到或太忙，就必須誠實面對你的極限，不要過度承諾說「我真的很想也打算做到，但我無法百分之百確定，我不想讓你失望」之類的話。

尤其因為同事友誼擁有一般友誼所缺乏的表演面向，或許你不同意。同事友人的特徵就是能夠不受情緒影響進行困難的對話，這需要高度互信。意思是，雖然聽起來簡單，同事友誼的正途是嚴格地雇用和接受一個職務。找到你的同類，無論是否隸屬同一組織。我認識的很多人即使彼此不再直接共事，仍能把同事友誼延續到其他領域。

同事友誼的相反面是雪歌妮·薇佛在麥克·尼可斯導演的1988年電影《上班女郎》中飾演的凱薩琳·帕克一角。她向梅蘭妮·葛瑞菲飾演的角色黛絲·麥吉爾說：「這裡是雙向道，妳非做到不可，」然後偷了她的點子冒充是自己的（我透露劇情了，但沒關係，反正我認為這是人人都該反覆觀賞的電影）。

大致上，同事友誼是反駁美國作家戈爾·維達（Gore Vidal）的聞名格言：「每當有朋友成功，我就一點點死去」的人。

看著你的朋友成功有很大的樂趣。如果你們有共同價值觀，他們的成功也凸顯你的價值觀。如果你喜歡他們的為人，可以看到好事發生在好人身上。這常是人生被低估的樂趣之一。

如果你看到別人成功會受到打擊，或許你得自問為什麼會如此？你或許沒有自己以為的那麼喜歡對方，或者你自己可能有不安全感。你可以自問這種不滿足的感覺是否是你必須填補的無底洞，或這是否是你對工作失去熱忱的警訊，或是別的什麼。

具備尊重和情感連結的同事友誼，或許是皮克斯智囊團的祕密成分。《超人特攻隊》和《料理鼠王》的導演布萊德·博德（Brad Bird）曾向在《天外奇蹟》和《怪獸有限公司》大獲成功之後製作《腦筋急轉彎》，但遭遇瓶頸期的彼得·道格特（Pete Docter）說：「在先前的電影我就跟你說過，『你是嘗試在強風中跳躍後空翻三圈，還生氣自己的落地不夠完美。唉，你還活著就已經很神奇了。』……」博德是以同事友人的身分說話。這對於身陷草叢中一段時間的電影製作者來說，想必是個很重要的支持。

道格特的《腦筋急轉彎》在 2015 年 6 月 19 日上映。該片大受好評，前 10 天的全球票房收入將近 3 億美元。這部片製作花費 5 年多的時間，題材異常又冒險。故事主要發生在 11 歲女孩的大腦中，利用她的各種情緒當主要角色。如博德所說，道格特想做的事無異於在強風中後空翻三圈。大約製作到第三年

時，道格特絕望地在柏克萊散步，擔心他所執導的電影能否完成。他知道團隊有個有趣的概念，但他發現搞了 3 年，他還是不知道影片的核心是什麼。

道格特想像他可能被開除，自問如果丟掉飯碗搬去北極會怎樣。他心想著，沒有房子和薪水他還活得下去，但少了朋友可不行，比較親近的朋友們都是和他同甘共苦過的人。領悟到這點之後，他把電影重點平均分攤在憂憂和樂樂兩個角色上——他找到了電影的核心。

皮克斯有異常緊密的企業文化，並不暗示你共事的每個人都必須是你的密友。當互信和情感出現，培養它可以支持創意工作。在你做不到的環境中，嚮導豐富的同情心、清楚劃分責任和本章稍後會談到的里程碑都可以幫上忙。

製作人

迄今我們談論的在某種程度上一直是純藝術，定義上它不必在現實世界獲得成功。在現有的環境外適應藝術的發展過程，你終究會遭遇永恆且尷尬的事實：大多數在組織中發展出來的東西，無論點子多棒，最後都必須找到方法自食其力。它們能否存在就靠這點了。

這表示為了在組織內管理創意過程，你必須同時檢視上升和下降的行為——探索點子本身和讓點子可被商業化的輔助創意過程。在電影行業，概念和執行之間的催生者特別被稱為製作人。每個領域的每個人都需要製作人，而電影製作人正是把藝術願景塞進現實的世界中，並實現它的優良模範中介者。

2013 年的電影《藥命俱樂部》由羅比・布倫納（Robbie Brenner）和瑞秋・溫特（Rachel Winter）共同製作，過程中特別妥善地展現製作人的動力。拍片計畫始於 2013 年之前許久，奠基於同事友誼。布倫納在洛杉磯最早交到的朋友之一克瑞格・波登（Craig Borten）和他的編劇搭檔梅麗莎・瓦拉克（Melisa Wallack）在 1990 年代就完成了劇本。布倫納介紹他認識她的另一位朋友馬克・佛斯特（Marc Forster），他替環球電影買下版權，安排了布萊德・彼特來主演。後來不知出了什麼問題，環球電影沒有拍攝這部影片，劇本版權在 2009 年回到作者手中。

這次布倫納把劇本交給馬修·麥康納(Matthew McConaughey)的經紀人，劇本碰巧在麥康納人生中的有趣時機點送到。一年半之前，麥康納作了個公認高風險的選擇，拒絕主演環球和 Imagine 影業公司的新版《夏威夷之虎》，放棄 1500 萬美元或可能更多的保障片酬。拒絕該角色之後，他休息了一年半。

麥康納收到《藥命俱樂部》劇本後，同意飾演感染愛滋病的牛仔兼國際大藥頭主角朗·伍德魯夫（Ron Woodroof）。麥康納的片酬據稱不到 20 萬美元，不過他可以分到票房收入。他們還需要導演。布倫納因為先前合作過但沒有開拍的計畫認識尚馬克·瓦利（注意不斷延續的同事友誼主題），他同意執導此片。布倫納曾在 Relativity Media 公司當製片主管，她要求多年老友瑞秋·溫特擔當共同製作。

為了飾演飽受 HIV 病毒蹂躪的伍德魯夫，麥康納進行了近乎斷食的節食計畫。目標減重 40 磅，他已經減了 38 磅準備如期開拍時，電影的資金出了問題。製作人打電話給麥康納說他們可能必須延期幾個月作財務重組。麥康納沒辦法等，他回答他們必須自己想辦法。

兩位製作人為了如期開拍作出的關鍵決定，是完全砍掉燈光預算，讓片中幾乎沒有人工打光的戲份。製作人決定之後，大約省下 100 萬美元，讓他們可以用 400 萬左右的預算開工。缺少燈光或許顯得很艱難，但也帶給影片一種粗糙的真實感，

符合數位科技較不完美的 1980 年代的故事背景。這部片後來得到六座金像獎提名，全球票房收入超過 5 千萬美元。

這就是製作人的兩難：你有個好點子。你想要讓它實現，就得花錢。你必須想通要如何塑造作品本身，並在財務面和創意面之間來回拉鋸。你必須以反映出你希望的藝術呈現，又同時保持收支平衡的方法完成工作。在市場經濟架構的世界中，製作人通常能讓創意作品實現。

在電影這種產業，找到藝術忠實性和商業可行性的交集可能越來越困難。《西雅圖夜未眠》和《保姆大冒險》製作人兼《好萊塢夜未眠》一書作者琳達・奧布斯特（Lynda Obst）寫道，現在的電影製作人要跟不再由 DVD 銷售支撐、越來越渺茫的獲利可能性搏鬥。沒有收入，讓投資新案子的風險更高，遵循過去的成功模式變得更吸引人。據奧布斯特觀察，要拍出不是「支柱」——巨大的國際合資案電影，或「蝌蚪」——獨立小片電影，越來越像可遇不可求的獨角獸了。

任何產業形容在創意和商業面之間拉扯的方式之一，是在圖像式表格上畫出斜線。

每個象限描述一種活動，從研究開始，然後分析，接著是合成和實踐。圖表上的數字描述設計式思考過程中的一步：（1）察覺意圖；（2）了解脈絡；（3）了解眾人；（4）形成見解；（5）探索概念；（6）形成對策；（7）實踐提議。

方陣中的斜線指出了製作人的角色。無論你是從研究到合成，或從分析到實踐，都是將東西從概念帶到執行的過程。

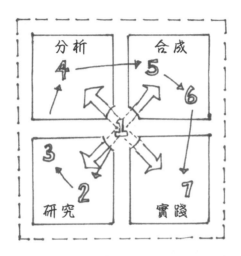

這個圖表是我從休・穆希克（Hugh Musick）那裡學來的，他是個開朗、名字又有趣的藝術家，也是芝加哥的 IIT 設計學院副校長。此圖表也出現在他同事維傑・庫瑪 (Vijay Kumar) 的書《101 個設計方法》裡。

休和維傑任教的這所設計學院的設立，是受到始於 1919 年、解散於 1933 年的德國學派與社會實驗者包浩斯（Bauhaus）的影響。包浩斯認為它的創立使命是擔任創意和商業藝術的橋樑。

所以，休用這個圖表在課堂上說明製作人的類型就更加合適了。你有個絕妙點子或美好設計物品並不是唯一重要的，你

也有責任嘗試讓那些創意作品存在於經濟世界中。當你不知不覺間走在那些斜線上，你就是在做製作人的工作。

電影製片之外另一個檢視製作人角色的地方，是在開發中國家進行社會企業。財務侷限將更加極端，下滑趨勢也將更加凶險。

以 BURN 製造公司的彼得·史考特（Peter Scott）和同事們為例，他們在肯亞製造一種節能爐具。2015 年，大約半數肯亞家庭依賴燒柴和木炭的傳統爐具。延伸來說，這會連接到砍伐森林、環境汙染和一氧化碳中毒死亡。汙染聽起來很抽象，但事實上，估計每年死於室內汙染的人，全球約 430 萬人，死亡人數還多過死於瘧疾、肺結核和 HIV 的人數總和。大約 90％的肯亞人口住在沒有電力網也沒有太陽能板之處，爐具燃料沒什麼替代方案。

肯亞對綠能爐具的需求很明顯，但現實是除非可以廉價生產，替代產品永遠無法打進貧窮社區。這表示仰賴製作人角色的地方還很多。

加拿大籍執行長彼得·史考特，在 BURN 開始生產之前 25年率先決心研發爐具。他承包美國和德國政府的援助計畫，震驚地目睹木炭爐導致的森林砍伐和人命傷亡。他從確認他要拯救森林到想要打造「能拯救世界的消費產品」，其中的路途既曲折又混亂。

最初，史考特在2009年組成十人團隊，創立了BURN公司。研發爐具花了3年，約1萬個工作時數，許多人是義務或折價工作。他們大約重新設計了50次，在2013年秋季開始小量生產，並於2014年在奈洛比北方設立大規模生產設施。2015年社會創投基金Acumen投資了這家公司。

這裡的製作人拼圖有兩塊不同的碎片，一塊經濟、一塊財務。對BURN而言，前者是製造成本夠便宜，一般人也負擔得起的爐具。後者是創造貸款條件，讓一般家庭能有錢購買。這些家庭平均每年花500美元買木炭，而BURN的爐具運作只需約一半的木炭量，一年可幫家庭省下250美元。許多家庭根本一下子拿不出這麼多現金，即使他們知道長期使用可以省下幾百美元，但卻出不起40美元的自付額。銀行和證交所就是發明來解決這種困難的。

除了設計優質廉價的爐具的製作人角色，BURN的商業模式也納入了財務部分。公司借錢給民眾買爐具，讓他們能在一段可負擔的長時間內攤還那40美元。

史考特計畫讓 BURN 在 10 年內製造和賣掉 370 萬個爐具。據他估計,這些爐具加起來,會省下肯亞家庭原本將用來買木炭的 14 億美元。爐具也會減少約 2000 多萬噸的二氧化碳排放量,大幅降低室內汙染,並拯救原本會被砍伐當柴火燒的 1 億 2500 萬棵樹。對群眾、家庭預算、健康和環境的衝擊,都仰賴製作人的努力。

製作人角色的構成內容會依據職場差異而變化。製作的光譜可能更傾向藝術面,就像讓藝術家自由創作並努力賣掉作品的藝廊經紀人;也可能傾向商業面,就像針對目標客群測試過的大眾市場產品,仍不斷努力在設計立場上顯其獨特。

在任何職場上擔當製作人,並不一定非得是全職工作。不過,這確實必須是個刻意指定的角色,指定一個製作人能讓其餘的人自由專注在作品本身。商業化的任務本身將成為一個創意作業。如果製作人角色輪流擔當,比較不會讓人感覺像個專唱反調的人,可能在負責創意和商業的人之間比較能建立共同理解和彈性。讓每個人工作的一部分都要留在務實世界中,這是個好方法。

當製作人有點像在腦力激盪會議中當指定駕駛。某個或某些團隊成員扮演這個角色,解放其餘人去探索大風險、大報酬的空間,知道他們可以仰賴隊友去解決概念可行性的問題。在策略檢討規畫會議或休假時,隊員們可以輪流充當製作人,或

在創意和預算規畫模式間切換。工作之餘，你的朋友或教練也可以扮演這個角色。

製作人的決策路線中，針對任何創意過程其實都設置了健全的治理結構。那些路線幫你協調太理想性而注定失敗，以及控制太緊而無法順利進行的各計畫間的領域。製作人就是好點子和實際成功的差別，製作人的真正技藝是把點子商業化，同時又不會太早妥協而阻礙點子的成長。

製作人角色的好用工具之一，是放寬作者資格的限制。為了具備好好表現的動機，值得問問：如果你知道自己不會得到任何功勞會怎麼辦？如果沒人能自稱作者，你會選擇什麼計畫？說來好笑，製作人角色輪流作有個附加好處：讓每個人停止嘗試用自己的點子主導，休息一下。指定製作人可以讓人暫停片刻看看大局，並幫忙訂出第二章所說的寬限期。寬限期將製作人截稿期限延伸到未來，允許腦力激盪階段能不受壓抑地進行。

指定務實角色，能為全人文化創造一個安全空間。在製作時，你可能也仰賴嚮導的傾聽工具和同事友誼間堅定誠懇的情感——讓你能廣泛地探索各種 B 點可能性，並知道製作人流程將會幫助你確立它們。

迄今我們談的角色，有時候被分派、有時則固定。同事友誼的標籤描述了一個自然、但也可以慢慢培養的狀態。製作人的標

籤可能描述特定人士的優點，也可能是在過程中被暫時指派的角色。其實，在組織架構中許多專案管理角色是可以指派的，促使創意工作順利進行，以及保留額外複雜之開放性結果的探索空間。

專案管理的指定角色

如果嚮導、同事友誼和製作人是向外尋找和自我培養的關鍵角色，要組成從事高要求、大規模、計畫複雜的必要團隊規模，還有些其他角色可以指派。這些角色取材自運動和橄欖球術語 Scrum，這個常見的專案管理框架來自作品需要協調的特殊類型創意工作者：電腦工程師。

小佛瑞德・布魯克斯（Frederick P. Brooks Jr.）是北卡羅萊納大學教堂山分校的電腦程式退休教授，他也是在一些電腦工程師間幾乎算是心靈聖經的小眾散文合集《人月神話》（*The Mythical Man- Month*）的作者。對布魯克斯而言，寫程式迷人地極為接近藝術：

寫程式為什麼好玩？……首先是製造東西的純粹喜悅……其次是做出對別人有用之物的樂趣……工程師就像詩人，工作時很少脫離純粹思考領域。他無中生有，建造空中樓閣，運用想像力創造東西。

寫程式也要求理論上的完美。只要一個輸入錯誤，程式就不能運作。布魯克斯寫道：「人類不習慣完美，人類活動的領域也很少這麼要求。」但是寫程式的計畫越來越大，他們必然需要團隊——不只完美還要協調後的完美。大多數現代軟體無法由一人完成，就像一個人無法打贏一場戰爭、單獨駕駛一艘大船，或在有生之年寫完一套完整的百科全書。所以軟體研發的流程管理工具，廣泛普及到任何創意流程的組織管理之中。那些工具仰賴指定角色。

2001 年一群電腦工程師發表宣言，宣布一種稱作 Agile 的工作方式。在 Agile 框架中，日常流程管理最普及的系統之一稱作 Scrum。這個詞彙的意義一般來自英式橄欖球，scrum 就是球員列陣在球出界之後爭球（爭球總是有一堆傷痕累累的人堆成人山）。 產品設計的類似方法從 1970 年代便已浮現，1995年工程師傑夫‧蘇莎蘭（Jeff Sutherland）和肯‧舒瓦伯（Ken Schwaber）一起把框架形式化，展開一場 Scrum 運動（網址：scrum.org）。

在此我想做的是借用 Scrum 的特質：短期框架、專案角色指定和聚焦里程碑，適合結果更為開放的工作方式。Scrum 是個連接各種顧客問題的對策框架。它讓我們宛如回到亨利‧福特的領域：「顧客要的不是汽車而是比較快的馬和馬車」；或史帝夫‧賈伯斯的領域：「人們不知道自己要什麼，直到你秀給他們看」。

Scrum 是設計來達到預先規畫之特定產品的已知結果。發明 B 點的工作流程看起來會比較像艾德‧艾平的藝術課，而非事前已知組成零件的軟體研發計畫。Scrum 的潛在架構槓桿，必須提供在相對短期中協調與合作的方法。只要稍作調整，修改過的 Scrum 也能適合結果開放的創意工作。

　　首先，任何 Scrum 流程的起點是專案簡報。對傳統 Scrum 而言，簡報反映對策內容。我們在此調整，把專案簡報變成一個問題——出自第三章結果開放的燈塔問題。問題可能廣泛到「如果這樣不是很酷嗎？」，或針對製作人「我們可以怎麼把它變得商業上可行？」，端看你在專案中的位置而定。

　　其次，你指定角色。專案負責人（Project Owner）主持簡報，專案團隊的成員就好比球場上的球員，然後教練（Scrum Master）負責清除路障。你可以把專案負責人和專案團隊想作是藝術家，他們主持專案簡報並透過工作室時間和里程碑去探索。我把 Scrum Master 想成教練，是預先想到障礙並設法排除的嚮導式經理人。

　　Scrum 專案常在嚴格的時限內組成，經常是 30 天內的衝刺。你可以把這個工作階段納入你的燈塔問題。在衝刺期內，專案依據習慣和里程碑的效能，存在於特定時空中。Scrum 專案中，典型一天的開始是「站立會議」——通常名符其實地站著進行。團隊成員輪流說出他們前一天做了什麼，今天打算做什麼，萬

一遇到障礙會怎樣。在這些會議中，Scrum 教練 (Scrum Master) 兼具精神導師和送水工的角色，考慮障礙並開始設法排除。專案負責人必要時會在最後發言，總結問題或核心簡報，將其連結到團隊的工作上。每日回報通常只耗時 15 分鐘左右。

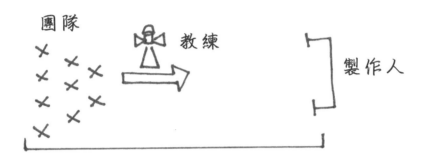

在古典 Scrum 中，一開始團隊要釐清目標並設定里程碑的時限。在總結會議上，整個團隊反映工作完成與未完成的部分，他們檢視什麼作法有效，也記錄哪種做法行不通。如此一來，這些會議的作用就像藝術學院的批評，且避免批判，以利針對哪些有效、哪些必須改善來進行對話。此處的應用是一開始就要釐清這是何種衝刺，真正需要哪樣的里程碑，例如完成研究。事實上，打造產品的古典 Scrum 衝刺可能發生在上述開放結果式的衝刺之後。

設定里程碑

　　在原始 Scrum 框架中，團隊有清楚的成果目標，過程以設計軟體產品為目的。若發明了 B 點，里程碑將從目標點改為中途點。在結果未知的任務中，里程碑可以是個原型目標、研究目標或實驗期限。佛瑞德・布魯克斯寫道，「里程碑必須是具體、明確、可測量的事件，用刀鋒般的銳利來定義它。」但從結果來說，它們未必能被測量。「里程碑要明確不含糊，這比起讓老闆能輕易驗證更重要。」里程碑只是給團隊短期間內全力工作的能力，然後停下時鐘看看工作進展如何──一起退離畫布檢視他們做到什麼或沒做到什麼。

　　你不必直接衝向一個狹隘的解決對策，你可以實驗性地設置資訊收集、測試和疊合的里程碑。你也可以設定一個極具野心的成果目標，迫使團隊發揮創意對抗侷限，並設法克服期限壓迫，無論他們是否真的成功。 在失敗毋須羞恥和團隊足智多謀的文化中，這種目標或許能激發成功。從某個角度來說，將對成果的需求不斷地踢往後方，也就是延後徹底解決某事的需求，就像萊特兄允許自己花很多年建造飛機，但是只花 2 年就做出來。這可讓你更自由廣泛地累積研究，有時候也更快獲得解答。

因此我們工作的核心架構是：

• 清楚指定的角色

• 設置里程碑

• 在相對短期間內安排工作的「衝刺」

照溫尼科特的說法，上述項目一起創造了廣大、穩固的支持性環境。首先，你有負責排除障礙的教練提供結構性支援，這個人是嚮導。他們不是替你做工作，而是幫你發現怎麼自己做工作，幫你減少阻礙。

其次，時限有助於抑制可能很冗長的創意過程。知道有界線讓人比較容易衝刺再看看結果，你不必做個沒完。

第三，日常站立會議讓你處在敘述、透明和頻繁互動的心態之中，而微妙地延後批判。已故的哈佛商學院教授兼組織學習領域的先驅克里斯・亞吉里斯（Chris Argyris）發明「推論之梯」（ladder of inferences）的概念。該階梯說明你可以如何輕易地透過簡單觀察到推論解讀，到經得起考驗的初期結論。日常站立會議的好處在於它減緩總結的慾望，讓你保持開放，在教練的協助下排除障礙——那些對別人失誤貼上標籤的批判心態。讓負責任的心態成為日常慣例，這使得大多數人比較難卸責。如果你這麼做，你將不孤單。

就像第四章針對創意作品的所有權工具，指定角色和設定里程碑的過程，其實是個分配財產權的組織形式：大家知道他們何時負責哪部分的工作。有清楚的界線會更容易合作。建構時限則能集中每個人的精力，增加成功機率。

管理 W.i.P. 的陷阱

上面我所描述的是理想狀態，它建立在一個信念之上：如果允許發揮最佳潛能來工作，人們就有能力自我激發創意，不會傷害到自己。然而對所有人而言，嚮導和跟隨者，有些常見的陷阱要注意，明白之後我們可以坦誠地自我檢討或和別人進行討論。以下是三個常見個人陷阱清單。心理上要留意，也要提防它們出現在周圍眾人身上的可能性。

這些陷阱有三個大致的類型：過度監控和報告的風險，懶惰和分心的風險，和用過去成功的經驗自我麻痺的風險。

· 蛋奶酥問題

過度監控的風險很像烘焙食物，太常打開烤爐門反而妨礙過程。如果你烤蛋奶酥時打開爐門看烤得怎樣，一打開就會讓蛋奶酥塌掉。原本可能進行得很順利，但過度監控把它搞砸了。

當然，事關工作和生計，想看看事情是否順利不難理解。但在創意過程中，有些時候你必須克制衝動。為了完全投入作品本身，你必須能夠忍受不確定性，暫時接受自己忙著製造作品而沒空測量過程進行得如何。設定明確的里程碑和設定非評價性回報會議可以幫上忙。不要用讚美和批評激勵眾人，單純以讓大家感覺被看到聽到為目標。給他們時間不受打擾地工作，然後定期回報進度。

回報方法之一是徹底的無讚美對話實驗——定出規則使你說的話都不會簡化為好、壞或應該等模糊的字眼，改以極度精確的描述和體貼的關懷為目標。在此練習中你必須研究提出肯定的方式。

整體而言，你可以肯定其它人：僅注意和觀察他們、感謝和欣賞他們、讚美他們的努力，或稱許他們和他們的作品，給他們關心。在卡蘿·迪威克（Carol Dweck）針對兒童如何回應讚美的研究中，她建議應誇獎兒童的努力而非智慧，讓人能保持在第二章談過的學習心態。這個觀察仍留在現行誇獎小孩的理論中。

在無稱讚對話中，實驗看看你能否完全避免稱讚，連稱讚努力都不行，並藉著關注表達肯定。你的基本原則可能是想要隨時表現欣賞眾人的誠意；但特別在有人正與龐大的 B 點專案搏鬥時，聚焦在關心而非讚美，有助他保持在自己體驗的心態中。學著信任他們對有效或無效的判斷，而非讓他們討好你或贏得你肯定。針對創意工作，讚美可能是某種美化的批評。

根據我自身經驗——老樣子，身為對感謝函充滿感激的南方人，你可能發現人們真正尋求的不是讚美，而是感覺自己真正被看見。在藝術學院，我做過「艾美・惠特克邀請六位投資銀行家」的計畫，我邀了律師、投資顧問和經濟學家來製作藝術品，然後掛在我們的團體展覽中。進工作室對某些人來說有點好笑但也令人焦慮，我發現大多數人真正需要的是安全感和創作自由。

同樣地，在任何領域培養創意，你最好讓大家堅持對自己作品的真實感受。其他東西會制約我們如同實驗室白老鼠一般尋求獎勵品，而非更勇敢和開放的自我。同樣，實驗性問題是：你如何不靠讚美讓你的同事和部屬感覺被鼓勵？

關於無讚美對話的另一個工具是身為團隊，仍同樣能利用敏銳觀察為工具去撰寫 Mountain School 創辦人兼《社會利益手冊》作者大衛・格蘭特（David Grant）所說的規程（rubric）。規程就是根據次標準、基準線和模範表現的可能描述，進行非量化成果評估的框架。同樣，目標是不說出你做得很好，而是專注於用好成果的描述來進行調整。

無讚美對話和規程引導你運用觀察力而非下結論，放棄讚美讓你對真實狀況更投入也談得更深入。就像蛋奶酥，你讓烤爐繼續烤而不打開爐門。

‧ 裝忙的問題

第二個風險是第一個的相反。不是過度監控，而是沒做事卻假裝有做而失敗。我朋友彼得曾經開玩笑說他的理想工作是假裝當作家。他會天天到一個房間裡只寫一點點文章，以便在晚宴上跟別人說嘴。他寫作，但他永遠不必真正讓作品完成或出版。

專案管理的角色指定在此派上用場。作家彼得必須面對期限，像是無論如何在某天必須跟同事分享作品。面對期限不同於成果目標。即使你還不完全知道最終版本，期限給你一個藉以前進的回報點。

彼得可能因為怕被批評而逃避完成作品，他或許被預期的羞恥感淹沒。這個陷阱可以用嚮導式對話防範，藝術教授艾德稱之為高度自覺及不批判，這讓彼得能夠對作品本身負起責任。

‧ 從未失手的問題

最後的風險是太多的讚美和過去的成功經驗。假設你少年得志，高中時代就在《紐約客》發表文章，你是羅德獎學金得主。身為藝術家，你還沒畢業就被大型藝廊延攬代理。你預測到2008 年金融危機、網路泡沫或最近的航空公司併購。你被納入《財星雜誌》40 歲以下商業明星，《富比士》30 歲以下名流，或 20 歲以下傑出青少年名單。你是所屬組織和朋友圈內的搖滾

巨星，但你不覺得被名聲鼓舞，反而很失落。

專業上你基本從未失手過，意思是你沒有向自己證明過跌倒可以爬起來。你所有的成功，都缺乏肌肉恢復的記憶，而且你有擅長某事的壓力。過去受到的讚美扭曲了你參考內心指南針的能力。

若是如此，做這幾件事可能有幫助：一是回去找嚮導和同事友人。你可能需要某種支援，但因為顯得太自信而得不到。另一個是從事你人生中新領域的活動：學習外語，上舞蹈課，拍段 YouTube 影片，自學滑板。從頭學習的過程會幫你建立肌肉恢復的記憶。

第三，你可能也必須自問你是否在真誠的場合中工作。我先前提過把 1980 年代耶魯的地洞批評連結到公開裸體站在磅秤上的心虛的畫家麗莎‧尤斯卡瓦吉，其實就是這樣的人。念完繪畫碩士大約 1 年後，她收到紐約某大型藝廊邀展。展覽大受好評，她也賣掉了很多畫。前往自己展覽的開幕派對途中，她卻發現展覽中的作品不是她真正想做的。她感覺自己像個冒牌貨，做她自以為應該做的事。她形容那場派對表面上看起來順利圓滿，卻是她生平最煎熬的經歷之一。事後，她停筆了 1 年。她博覽電影也在紐約到處跑。這讓她準備好能夠回去工作，安全和真心地全心投入。同樣避免批評與讚美的工具，可以幫助任何人相信自己的感性。

測量績效並雇用對的人

剩下的挑戰是確實存在的績效評估。這對任何類型的競爭和比較都有其必要性，把人和事件歸類是我們理解這世界的方法之一。你如何協調管理 W.i.P. 的工具和績效評估的現實呢？

2006 年，前麥肯錫員工拉茲洛·波克（Laszlo Bock）當上 Google 的人力資源主管，Google 稱之為「管人的」。波克雇用了 Capital One 出身的資料分析師普拉薩德·賽提（Prasad Setty），他們作了個實驗嚴肅分析 Google 的績效評估體系。他們利用來自 360 度檢討過程的大量資料，讓賽提和手下博士團隊用最他們所知最嚴厲的方式展開任務。在後來稱作氧氣計畫（Project Oxygen）的研究中，他們嘗試證明管理並不重要。氧氣計畫共同領導人尼爾·帕特爾（Neal Patel）說：「幸好我們失敗了。」

以 Google 公司的規模來說，它算是相對扁平的組織：大約 3 萬 5000 名員工，5000 個經理人，1000 個主管和 100 個副總裁。在創立初期，該公司嘗試實踐經理人根本不重要的信念，卻發現他們實在很重要（他們在實驗中並不孤單。現代藝術博物館在 1947 年解僱了從 1929 年開始任職的開館傳奇館長艾佛列·巴爾〔Alfred Barr〕，說會用不固定的六人主管委員會取代他，結果績效不如預期。巴爾基於對博物館的服務精神，薪水砍半留在較低的職位上。館方發現事實上他們真的需要一個館長。

結果巴爾恢復館長角色，主管委員會風波大致從巴爾的神話中被抹消）。

氧氣計畫顯示 Google 的大多數經理人做得不錯，只是有許多因素會影響員工滿意度和生產力。但也發現經理人從良好提升到優秀程度，會帶來類似的生產力，使員工滿意度大幅提升。他們把好經理人的成功歸納出八個特性：

1. 是個好教練

2. 授權給下屬，不過問瑣事

3. 對部屬的成功和個人福祉表達興趣和關心

4. 有建設性並以結果導向

5. 擅長溝通、傾聽和分享資訊

6. 能協助職涯發展

7. 有清楚的願景和團隊策略

8. 有可以提供給部屬的關鍵技術能力

除了第八項，這些特性可以分成三類：

・ 設定願景和目標（#4，#7）

・ 看見個人（#3，#6）

・ 維繫團隊的工作（#1，#2，#5）

這項研究中比較偏向正面的結果：Google 花費了可觀的時間和資源，嚴格地盡力雇用最佳人才；公司每年收到 2 千萬份履歷。值得重複說的是：你雇用員工就像創投資本家投資在初期的新創公司。團隊就是一切，引進眾人的那一刻就設定了可能性的上限。新進人員對團隊健康的影響，就像器官移植對人體健康的影響一樣嚴重。你最好盡量找最好的，會對團隊作最正面貢獻的人。不是因為你希望每個人都當明星，是因為你希望每個人感覺都夠安全和自信，敢冒被人當成大笨蛋的風險，協助追求更大的成功。

第八點——有明確的技術能力，呼應專家的角色，這在 Google 這種科技驅動的公司會特別重要，他們可以用當嚮導而非大師的方式去分享。

完成工作

在過程工具中，不管是獨自或一起，我們都會遭遇到無論如何都必須完成工作的時刻。當時限來臨，照泰特美術館館長尼可拉斯·賽洛塔（Nicholas Serota）爵士的說法，你必須「把自己關在暗室裡，頭上包著冰毛巾，拚命完成工作。」夠好的經理人的目標，是讓人可以安心地冒著因不完美的執行而失去一個完美點子的風險。

幾乎每個人都曾經必須完成稍微超出他們能力的計畫——寫報告、辦活動、重要的簡報，也都必須面對完工的現實。女星艾美‧波勒（Amy Poehler）形容寫作《Yes Please》一書的過程像徒手拿螺絲起子在冰箱裡除霜。讓作品通過終點線是個特殊的本領，任何創意計畫的中途點都很遙遠，就像 26.2 英里馬拉松的中途點設在 23 哩處。完成創意計畫就像同時克服芝諾悖論和薛西佛斯神話——越過某距離的中點，然後抵達下一個中點，如此循環，永遠無法真正達到終點，只差在某個時點你鼓起餘力，作品被推過了終點線。薛西佛斯天天徒勞地把岩石推上山頂，然後有一天它翻倒了。

　　2014 年 10 月，作家安東尼‧多爾（Anthony Doerr），《我們看不到的所有光明》的作者，在雖有書評和生活哲學專欄但以居家提示和洗髮精評分聞名的《Real Simple》雜誌寫了篇文章。該雜誌邀他談談如何完成創意工作，於是他說了個關於萬聖節服裝的故事。6 年前，多爾在他的居住地愛達荷州的博伊西，於友人艾咪‧班德（Aimee Bender）的演講會上介紹她。他說出一個事實：人們最常用來形容班德作品的字眼是「原創性」。這讓他想起以命運多舛的服裝贏得「最有原創性」獎項的往事。他在演講中說的故事後來變成了《Real Simple》雜誌的文章，文中簡述完成創意工作是怎麼回事。

　　多爾在一個充滿加爾文教派、DIY 創造力的家庭長大，「把形容詞『店裡買的』和名詞『服裝』連在一起，就表示某種懶

惰和拙劣的意味，或許也稍微暗示了很糟的家教。」

多爾7歲時，決定要參考圖書館的書，做個「盔甲騎士」服裝。圖書館是他母親的DIY社團常去的地方，隔壁就是他採購材料的地方——Drug Mart雜貨店，庫存不穩定但無法否認它很便宜。要做騎士服裝，他需要黑色海報板，但是庫存不多，所以他買了剩下的庫存，加上12塊白色海報板，並花了整整兩個晚上用麥克筆塗黑。那年萬聖節不巧下雨。等到多爾抵達討糖果後的派對上，他的服裝已經變成一堆泡溼的紙漿，被麥克筆墨水染成紫色。多爾回家後，他向母親說他的服裝好慘，是史上最糟。她說「很漂亮啊。」

多爾連結被雨淋溼的騎士盔甲和寫完的書這兩件事，寫道：

我天天失敗⋯⋯我永遠無法完全執行腦中美妙又無法描述的夢想。即使狀況好的時候，我只能勉強拼湊許多其他日子的失敗，組成原版的山寨品⋯⋯奇怪又難以預測的枝節，總會卡在我們想做的事和我們能做的事之間。重要的是接納那個枝節⋯⋯在雲端建造我們的空中樓閣——縫被子，畫油畫，甚至寫段令人滿意的文字。我們都必須忍受我們很拙劣、沒人在乎，我們就像空曠森林中孤獨倒下的樹：害怕我們會把自己的美好、無瑕、朦朧的點子在現實的祭壇上被屠宰。

無論你的工作是否必須如哈波‧李描述的「坐在打字機前雙腳穩穩地黏在地上」，或在會議、報告與行程超載中保持頭腦清醒，你必須完成一件事才能開始下一件。起步是終點的反面，它具備介於兩端之間的風險。

　　完成工作時，真正的目標不是完美，不是創造比一開始更好的版本，而是你一開始的東西成長為它自己的 B 點現實。你創造的東西具有整體特有的美感和完整性，就像自然打光的《藥命俱樂部》，或艾德‧艾平因運動外套和選課單造就的人生。管理 W.i.P. 必須允許我們每個人能夠參酌我們自己的作品和周圍眾人的作品找到自我。照我的藝術學院老師大衛‧勒維特的說法，就像忍受連續用有刺鐵絲網纏身好幾週，然後發現自己身處一片百合花海。

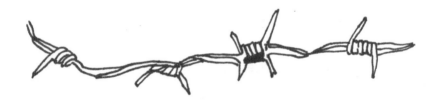

　　在從鐵絲網刺走向百合花海途中，給深陷創意計畫者最貼心的讚美就是「你沒瘋，繼續吧！」，然後你可以試著指派角色、設定目標和建立一個架構去幫助他們。

第六章
搭建房子

重視成本結構，建立資本主義侷限內可運作的藝術性商業模式。

擅長做生意是最迷人的一種藝術。

——安迪・沃荷，藝術家

最古老的企業都背負著「某某家族」招牌——像羅斯柴德和費瑟、弗里克和布希家族。企業存在於家族名號的保護傘下。那些家族帝國跟 21 世紀初期的科技平台用同樣構造建立——同樣的成本結構。資本主義的藝術形式發生改變，並帶來全新的商業模式，但核心媒介工具仍然沒變。

上一章說的製作人，負責讓創意計畫符合市場結構。此章你必須讓製作人角色更進一步地去製作市場結構本身。市場結構是你在乎事物的容器，是讓喜愛的產品出現的無名容器。那些結構有它自己的藝術性。

創意有兩種：寫信和設計信封。寫信好像製造一個物品——繪畫、書籍、電腦，或者在我們即將看到的案例中，是一副眼鏡。設計信封是創造該物品可以存在的系統——公司的商業模式，藝術家的正職。

設計商業模式就是信封製造者的藝術形式。那些容器終究沒那麼匿名，而是東西開始發展時的庇護所。原來設計那些容器需要對市場工具有物質機智，也就是將資本主義的可能性和侷限當作設計媒介本身。

高等教育的產品定位

2010 年我開始在舊金山加州藝術學院的設計策略 MBA 課程中教授經濟學。那是個密集但愉快的磨練授課技巧的方式——每月有一個週六連上 8 小時的課，在 5 個週末裡上完整學期的經濟學，而且每次都要從紐約搭飛機過去。到了期中考出題的時候，我先休息了一下。休息時發生的一切都變成了考題，包括跟一個老友喝咖啡，她的姊妹剛去了當時新成立的 Warby Parker 眼鏡公司上班。

Warby Parker 誕生於賓州大學華頓學院的電腦實驗室，其共同創辦人大衛・吉勃亞（Dave Gilboa）向他朋友兼 MBA 同學尼爾・布倫曼索（Neil Blumenthal）、傑夫・瑞德（Jeff Raider）和安迪・杭特（Andy Hunt），坦承說他把一副價值 700 美元的眼鏡遺忘在飛機的椅背袋裡了。後來跟大衛一起創業的尼爾、傑夫和安迪都深表同情，然後尼爾告訴他：眼鏡一開始就沒道理要價 700 美元。這個觀察促成一家罕見地結合藝術性產品和藝術性商業模式營運的公司。

尼爾上商學院之前，花了 5 年時間經營一個稱作 VisionSpring 的非營利組織，提供眼鏡給開發中國家的民眾。尼爾曾經派駐工廠：「我在孟加拉看過我們製造的眼鏡從生產線卸下，然後某些世界最大時尚品牌的鏡框生產線就設在隔壁。」

如果工廠的製作成本是一樣的，大衛的眼鏡為什麼這麼貴？Warby Parker 進入眼鏡產業時，估計光是 Luxottica 公司就控制了約 80％市場。該公司 1961 年在米蘭創立，幾乎完全垂直整合，擁有供應鏈的所有環節。它旗下有 LensCrafters、Pearle Vision、Sears Optical、Target Optical 和 Sunglass Hut 等品牌，也代工生產雷朋、Oakley 和 Prada 太陽眼鏡等許多品牌。它的策略是承包 Prada 之類公司的眼鏡設計，以交換銷售價格的抽成協議。此授權安排類似第四章鼓吹的所有權股份策略，但在此案例中的部分寡占產業，無意對競爭者開啟門戶。尼爾描述他們想要改變眼鏡市場現況：「從商業觀點看這是個美好的產業，但從消費者觀點看，就沒那麼令人興奮了。」

Warby Parker 採取信封製作者的技藝，把產業的商業模式拆開重組，重建一套後來變得笨拙迂迴的履行過程。首先，他們決定以自家品牌自行設計眼鏡，省下授權費抽成。第二，他們開始上網直接賣給顧客。Warby Parker 不跟會抬高產品售價 3 ～ 5 倍的零售商合作，完全省略批發的步驟。

上網賣眼鏡也改變了配鏡的運作順序。如果你在美國驗光買眼鏡，通常要去店裡挑選鏡框，然後店家把鏡框寄去裝鏡片，裝好後再把眼鏡寄回店家。Warby Parker 猜想如果他們能讓你試戴跟倉庫裡一樣的鏡框，就不需要寄回特定的那一副。其實，起初 Warby Parker 只會寄幾副鏡框給顧客試戴，以避免在公司起步階段就要開店。此外，美國的驗光配鏡法規是屬於州級管轄，這也幫助 Warby Parker 只透過位於某些州——最初主要在明尼蘇達州的集中化配鏡地點來運作。

後來成為共同執行長的尼爾和大衛，想讓善用商業工具成為一股力量，所以他們研究眼鏡買一送一的成本結構。甚至，他們有意識地設計信封（商業模式）。如果你只在開發中國家送眼鏡，會干擾已在販售眼鏡的當地經濟。Warby Parker 不直接送眼鏡給民眾，而是把眼鏡捐贈給非營利組織，由他們訓練當地婦女以市價賣出。Warby Parker 一舉兩得，在開發中國家創造婦女就業，也提供了眼鏡給民眾——眼鏡價錢都不超過 95 美元。長久下來，Warby Parker 擴張到有了自己的零售店面。2015 年《Fast Company》雜誌將他們列為世界上最有創意公司的榜首。

對 Warby Parker 而言，信件和信封都是設計的物品。尼爾經營 VisionSpring 時，曾經無意中來到一個村莊，發現有人要送給一位幾乎全盲的人一副眼鏡，但那人認為眼鏡很醜而拒絕。尼爾在那一刻發現設計對每個人都很重要。

用藝術品的方式提供人性和希望，Warby Parker 做的事情在分析方法上很有想像力但並不完美。他們開始擴大規模後，商業工具奇妙地幫助他們更清楚地發現他們的慈善目標。尼爾說他們剛成立時，希望自家工廠裡有優良的人權和工人待遇，但他們無力聘請顧問。他在 2013 年時說：「現在我們雇用世界最嚴謹的勞動稽核公司到我們的工廠去查核安全及員工勞動環境。一開始我們無法做得很好，我顧左右而言他地說『聽起來不錯，他們有漂亮的出口標誌，我也有看到滅火器。』」現在該公司每年會把供應商聚在一起，像是鉸鍊、外盒和鏡框廠商，還有醋酸酯製造商，一起講習美國勞動安全的發展歷史。

尼爾和同事們的願景仍然大半仍在進行中，那是他職涯畫架上的畫布。或者如尼爾形容的：「人類現今面對的問題比人類史上任何時候更大更複雜。週末當志工幾個小時無法解決這些問題，我們必須在工作天花上 12 到 14 小時。」

物質的機智

Warby Parker 的商業軌跡沿襲我最喜歡的藝術家特質之一：物質的機智，即專注在優先原則，把材料應用在意外目標的能力。

藝術學院裡洋溢著物質上的機智。必須做藝術品但又沒錢

買材料嗎？上學途中撿些被丟棄的麥當勞杯蓋，看看它們美麗的陰影像萬花筒似的在懸吊投影機上跳舞。在非典型的週五下午，同學充滿朝氣地衝進工作室裡，宣布學生活動中心後面的垃圾山有些被丟棄的椅子。那些椅子會變成工作室的家具，有時候還會變成藝術品的一部分。繪畫課程的班長布魯斯開玩笑地說，他認識的藝術家都是好廚師，會把烹飪靈感加進創作中。

羅伯特‧波西格（Robert Pirsig）經典著作《禪與摩托車維修的藝術》的關鍵場景中，有個角色發現如果他忽視啤酒罐的字面意義而看清本質——它其實是有彈性、有塗裝的一片金屬，就可以用它來修理壞掉的機車。這種馬蓋先式藝術家心態要求你了解構成零件，看出東西未加工前的原料組成，注意它的潛力。

在商業方面，物質的機智是信件和信封設計的基礎。機智就是像 Warby Parker 一樣，注意一個產業哪部分有幾乎停滯的盈餘，然後設計新的商業模式。你要找到方法去拆解龐大商業模式以擠出更多效率，建立更迅速和更具彈性，逐漸建立永續且廣闊的社群與目標。

在商業上物質機智的完美典範，是把廢物變成寶物。原名 Oberon FMR 的 Nutrinsic 公司是這方面的有趣案例。該公司生產動物飼料。公司的設立源自一個難得的觀察：為了生產很多不同形式的人類糧食，工廠會產生很多廢棄物，通常是充滿廚

餘的汙水。許多公司付錢處理汙水。公司的創始人發現，汙水雖然對人類糧食毫無用處，成分卻很接近魚類的食物需求。他們開始把大家付錢丟棄的東西，轉變成魚飼料，然後也做成各種動物的飼料。一方的成本變成了另一方的獲利來源，廢物變成寶物。

同樣的物質機智潛藏在許多具創造性的商業結構中。那股創造力日積月累，通往新型態的商業模式，像是 Google 和 LinkedIn 等大型科技平台公司。

商業設計最棘手的是，會立即想到的幾乎不會是商業或藝術，而是政治和使命。把藝術和商業放在一起是個政治行為，是定義市場機制有多深入創意生活的行為。任何藝術與市場的結合，都會有我所謂的藍綠色蠟筆問題。你可以有藍綠色蠟筆或綠藍色蠟筆，但是蠟筆總會偏向某一顏色，偏綠色或偏藍色。

同樣地，企業都會比較偏向獲利動機或偏向純粹藝術。政治的部分是釐清使命和市場之間的界線。在個人層面，同一個人可能決定去當公立學校數學老師或股票交易員。在組織層面，你可能選擇有委託目的以外的事，或相反地作出圖利的決定。這些都是政治問題，沒有明確的標準答案，而是富含各種可能性的光譜。

成本結構作為建材

在任何規模中，不論是個人、組織，或整個社會，成本結構都是建立企業的核心零件。它主宰了個人製作者的生活、成長中的企業和整體市場。史上最早區別固定和變動成本的人不是會計師，而是英國陶瓷工人約書亞・威治伍德（Josiah Wedgwood）。在 1760 年代，威治伍德建立了蓬勃的奢侈品企業。他的瓷器成為社會地位的象徵。他的倫敦店面擠滿了陷入「極端花瓶狂熱」的人潮。

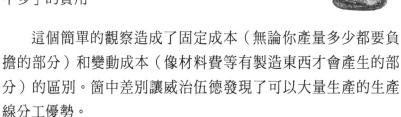

到了 1769 年，威治伍德發現他的現金流出現問題，這是企業擴張的常見症狀。他的資本投資讓他現金短缺。威治伍德檢視他的帳簿尋找哪裡出錯。他發現的是他的最大成本——鑄模、店租、員工薪資。以威治伍德的話來說，這些都是「像時鐘一樣運作，無論製造商品數量多寡都差不多」的費用。

這個簡單的觀察造成了固定成本（無論你產量多少都要負擔的部分）和變動成本（像材料費等有製造東西才會產生的部分）的區別。箇中差別讓威治伍德發現了可以大量生產的生產線分工優勢。

連結固定和變動成本，並且最終讓你看出不同商業模式的工具，就是常見的商業作法：收支平衡分析。

收支平衡就是商品販售量剛好夠支付固定成本，讓你不會虧損並開始獲利的轉折點。收支平衡點連結了固定成本、變動成本、價格和數量，讓你看到企業永續經營的生產基準線。

為了計算收支平衡點，你需要「單位貢獻」（unit contribution）的數據和暫時忍受教科書上的五年級算術。單位貢獻是價格和變動成本之間的差別，就是你每次賣掉東西之後，可以用來支付固定成本的盈餘。

容我提供一個比較圖像的方式來顯示收支平衡，它是行銷教科書中常見的「成本－數量－獲利」分析中更令人振奮的簡化版。試想像你的固定成本是一道牆，它的高度是你所有固定成本的總和：無論生產多少單位都得支付的房租、固定費用和其他費用。然後想像單位貢獻是一塊磚，這塊磚的高度就是單位貢獻。假設你的雪景球每個賣 10 美元，再假設直接的變動成本（材料和包裝）每個要花 5 美元。你的單位貢獻就是 10 減 5，亦即 5 美元。

如果你的固定成本是 100 美元（在自家餐桌上製造雪景球的網路商店賣家），那你需要足夠的 5 美元磚塊才能抵達 100 美元牆壁的頂端，堆疊超過牆頂的部分就是利潤。在此案例中，你需要 20 塊 5 美元的磚來支付 100 美元的固定成本。[1] 企業將在賣出 20 個雪景球後達到收支平衡。低於此數量會倒閉；高於此數量就會獲利。

到此為止還好：成本和數量的機械式關係告訴你商業模式下的牛頓式真理。固定成本是永遠存在的一道牆。數量越大，你會有越多磚塊。價格越高，磚塊會越高。堆疊較高的磚塊或較多的磚塊，你就有更多力量達到收支平衡。以威治伍德的案例，這個分析讓他的企業得以預見 1772 年的巨大信用危機。

固定和變動成本會告訴你關於企業核心結構的許多事情。例如，像 Google 或 LinkedIn 這種公司幾乎全部是固定成本，他們沒有可扣除的變動成本，價格就是單位貢獻。像 Amazon 的公司就有可觀的分銷系統固定成本，還有數量龐大的扁平磚塊——以微薄的利潤販賣大量商品。

---

1 收支平衡點等於總固定成本除以單位貢獻。
亦即，BE = TFC/（Price － VC）。

固定和變動成本也能幫助你分析非營利組織的少許收入。捐款和補助金是很大的磚塊，能讓他們的單位貢獻磚塊堆疊其上。收支平衡點就像幫人量體溫，是得知商業模式健康狀況的基本又可靠的工具。

想像力和不完美的代價

為了更完整地建立商業模式，你需要串連另外兩類成本：交易成本和機會成本。交易成本是處理真實人際事件的接觸成本，包括搜尋、簽約、監管、協調、佣金、損耗和交換。全都是不完美的成本——尋找東西，盯著它們，到處搬運它們，學習新東西。

如果交易成本是不完美的成本，那麼機會成本就是想像力的成本。機會成本是出現在失落的替代現實中的隱形成本。比爾‧蓋茲念完大學的機會成本可能是無法創立微軟公司。如果你用電腦工作，電腦故障一天的機會成本可能是當天的工資。如果你上網賣雪景球，機會成本包括這段期間你可能改做其他事的收入，或你可能以其他方式使用廚房的收入。

這些成本類型一起形成商業世界的構成要素。我們這時代最常見的商業模式之一就是科技平台，它不僅是像 LinkedIn 或

eBay 一樣，是固定成本密集而幾乎沒有變動成本的企業，而且它的成功關鍵在於減少搜尋成本。

以 eBay 為例，想想看花 3 個星期跑遍各地跳蚤市場尋找古董滑板，而非上網花 3 分鐘的時間及精力成本。再以 LinkedIn 為例，想想為了新職務收集紙本履歷表，而非上網瀏覽可搜尋資料庫的成本。這些企業也傾向具備聯外網絡，意思是能讓更多人參與而裨益每個人，就像行動電話中的朋友與家人群組。

對 LinkedIn、OkCupid 和 Spotify 而言，成本結構和聯外網絡加在一起，創造了稱作免費增值模式（freemium model）的平台企業。

LinkedIn 建立好之後，增加一個用戶的成本微不足道，同時有很多人使用平台的獲利就很可觀。所以大多數人免費加入，而一小部分的付費用戶付費取得進階搜尋權，這些費用足以支撐整個平台。

eBay 與 Amazon 則都屬於作家克里斯・安德遜（Chris Anderson）所謂的「長尾」（long tail）商業模式。理論經濟學會叫你大量生產，但是長尾企業則倚靠提供極為廣泛的產品，二者各自有長久的利基群眾。2004 年，邦諾書店平均有 13 萬種不同的書。同時，Amazon 超過半數的銷售額來自排名前 13 萬名以外的書。Amazon 不必把庫存書放在高租金的零售空間，他

們的運算法可以讓書更容易找到,因此他們可以經營長尾模式,即少量販賣極多樣化商品,來對抗傳統上專精一件事以達到足夠經濟規模的商業概念。電腦科技提高了長尾企業的吸引力,從一個相關利基產品的長尾企業跳到另外一個企業變得更容易。

第三種科技平台,同樣基於多種成本的組合(是多餘容量平台)。Airbnb 由羅德島設計學院的朋友搭檔,布萊恩・切斯基(Brian Chesky)和喬・蓋比亞(Joe Gebbia)創立。蓋比亞找到 Chronicle Books 出版社的工作之後,他們同住在舊金山。不久,城裡有一場設計研討會,所有飯店房間似乎都早被預訂。於是切斯基和蓋比亞出租他們自己的空間給參加者,賺了 1 千美元。

回想起他們多喜歡收容別人和教導在地生活的訣竅,他們找了個朋友,納森・布雷恰席克(Nathan Blecharczyk)來建立網站,並嘗試叫大家列舉出自己空著的房間——首先是在 2008 年德州奧斯汀舉辦的南方音樂電影節,然後是 2008 年在丹佛市舉行的民主黨全國代表大會。

他們發現了多餘的容量——需要地方住的人和有多餘空間的人,並且媒合這些人,他們同時也解決了審查和協調的問題。這個系統起初源自朋友和家人網絡,擁有善意的保護傘。

在 Airbnb 和 Zipcar 的案例中,科技允許你逆轉買東西的步

驟順序，輕易地拆解後分開販賣。例如，以前租車最少得租 24 小時。你得去櫃台，出示駕駛執照，簽契約，領取鑰匙。現在你可以在一開始加入 Zipcar 時出示駕照和簽契約，然後電腦可以讓你用綁定訂車系統的電子卡片取車。你省下親自跑去租車櫃檯的交易成本，公司也不用雇人接待，你可以更輕易地打破 24 小時規則分開計費。

假設我租車 24 小時去辦一件只需花 4 小時解決的事，花費 100 美元。我會更樂意付 1 小時 15 美元去 Zipcar 租車 4 小時，只需付 60 美元幫自己省下 40 美元。從 Zipcar 的立場來看，理論上他們當天可以把車子以 1 小時 15 美元的費率再出租 20 小時，補足額外的 300 美元。即使他們的車子當天只租出去 7 小時，他們也能超越 24 小時 100 美元的標準。

思考建立新的商業模式時，起先必須仔細觀察你遇上的所有商業模式，然後在腦中互相混合和搭配。任何一個房間，至少都集合了幾十種商業模式——通風口、油漆和家具的製造商，電力、水管及搬運服務的供應商。你們可以玩「房間裡的物品」的遊戲：每個人必須選個房間裡的物品，越無聊的越好，然後向團隊報告這個物品是如何製造的。你可以選椅子或眾人穿的衣服，也可以選擇通風口蓋子、房門鉸鍊、防火塗漆等。我跟產品設計者玩這個遊戲時，意外學到很多關於可動桌輪子上的鋅塗層，以及塑膠咖啡杯蓋形狀的些微差異的知識。

鍛鍊商業模式設計能力的另一個練習法，是試著混合和搭配多種商業模式。從某領域提取其商業模式應用在另一種產業上會如何？如果哈利伯頓（Halliburton，能源設備供應商）公司經營預校（類似幼稚園）會怎樣？聽起來很荒謬，但這就是遊戲的重點。哈利伯頓管理一所學校的真正擅長之處會是什麼？首先，根據尋找哈利伯頓相關資訊的困難度，我猜想他們會很擅長遵守為學生保密的聯邦規範。

　　其次，據說哈利伯頓擁有 70 億美元營收，包括 4 億 9000 萬美元的獲利，來自只有哈利伯頓下標的某個美國政府專案。他們或許很擅長取得政府的學前教育資金。第三，他們發生過會計醜聞。根據年輕時很狂野的父母都成為最嚴厲和最高明的管教者這個信念，他們會很擅長維持秩序。不用說，經營蒙特梭利課程（照顧幼童基本上不可能擴大規模）不會在他們專長範圍內，但他們在人員配置和後勤的專業上值得期待。

　　你明白了吧，你可以試著找出天壤之別的企業之間的共通點，例如國防承包商和預校，或比較相關企業的微妙之處，例如速食店和農場直營餐廳。企業間的差別越大，你越能尋找它們的關聯；它們越接近，你越能尋找它們的細微差別。

　　你在散步的時候，看看能否分辨本質相同但一大一小的企業（有機食品連鎖超市 Whole Foods 和街頭水果攤），以及透過不同方法發揮相同功能的企業（聯合航空和彼得潘長途巴

士），或使用相同商業模式發揮大不相同功能（賣武器和賣尿布）的地方。這些遊戲都是培養物質機智，建立腦中可用商業形式百科全書的頭腦體操。

足球場上

成本結構和收支平衡計算的機制告訴你一個企業能否運作。但你怎麼知道它長久下去可以成長呢？你怎麼知道它會不會擴大規模到你所預期的獲利程度，或給你想要的投資報酬率？

許多商業模式的設計傾向成長性。成長有兩種不同的方式。企業透過規模而成長——這是靠效率；它們也透過發明而成長——藉著新型態藝術、實驗的過程。

創業投資者彼得‧提爾（Peter Thiel）在《從 0 到 1》一書中主張，企業過於執迷全球化，而他希望大家多關心科技。他定義全球化是從 1 到 N 的過程，我稱之為規模。企業很擅長讓你從一變成很多。一旦你設計好眼鏡，就能比較便宜地量產。為了到達能這麼做的起點，你必須先從零到一，意思是你必須設計出商業模式。

提爾提出兩種在兩個不同軸向的成長形式圖：

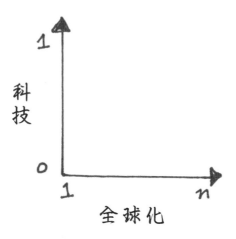

從一到很多的障礙只能發生在從零到一之後。圖形看起比較像這樣：

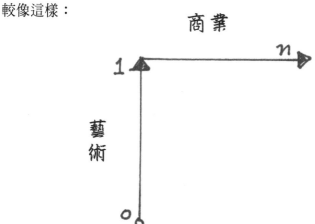

先有發明才有規模。

足球運動（歐式足球）提供了效率和發明如何一起實現使命的有趣比喻。踢足球時，你的職責是在不同程度上同時防守和進攻，即防止別人得分並且自己得分。在企業的足球場上，防禦這一半全靠效率，你必須把球踢過球場遠離你自己的球門，讓對手得分就像虧損。贏過對手得分對營利企業而言，就像賺到錢；對使命驅動的企業而言，則是完成使命；或者對大多數實體而言，是兩者的綜合。要把球踢過球場，你必須把效率帶進藝術中。你可以直接衝向對手的球門，但很可能被阻擋。在某些時候光靠效率沒用，需要機智才能得分。

如同運動記者傑爾‧隆曼（Jeré Longman）對巴塞隆納隊的年輕傳奇中場球員萊納‧梅西（Lionel Messi）的說法：「現今，足球越來越仰賴體型、肌肉和速度」，但梅西已經「靠著天賦和創意而不只是功利，完全融入巴塞隆納風格中。」在他的比喻中，體型和速度都是效率指標——純粹的蠻力或功利。快速地帶球過場、穿過其他球員和射門，也都需要創意。

企業越來越需要中場球員的態度，你必須同時想著效率和發明。作為一家公司，Warby Parker 就是個有天賦的中場球員，能作整體決策，考慮可量化的金錢價值與不可量化但有時候更重要的事情。正如尼爾說：

我可以告訴你，一開始我們做的所有東西都是東賠一點、西虧一些。我從未真正計算總和成本，因為我深深相信無論這

些成本是什麼，我們擁有的天賦、生產力和拚命努力做出東西的意願，就是我們的股利。所以我不認為我曾經面臨過那種痛苦的抉擇。

他們的成功是基於了解市場的工具和目標，然後當明白別的東西很重要時作出選擇。他們有時候為了前進會繞路。Warby Parker的單位貢獻比較小，是因為捐贈眼鏡付出了額外的成本，但此種商業模式仍然可行。其實，這可能比直接帶球衝過球場更有效。對足球場上的梅西或研發策略的公司而言，迂迴招式讓比賽更精彩。

信件和信封的不可分割性

Warby Parker同時設計信件和信封。在某些案例中，信件和信封，亦即產品和商業模式更加緊密結合。多媒體數位出版平台Atavist的歷程就是個佐證，它集結了許多顯示兩者密不可分的故事與結構。

2009年，作家伊凡·拉特里夫（Evan Ratliff）在《Wired》雜誌發表一篇題為〈消失〉的文章。該文前提是伊凡嘗試讓一個實體的人消失，同時持續留下數位新身分的蹤跡。當年8月15日到9月15日之間，讀者們要嘗試找到他，贏家可以得到

5000 美元——其中 3000 美元來自伊凡。為了**贏**，必須有人找到伊凡，說出通關密語「僥倖」然後拍下他的照片。那年 8 月，伊凡借用《大亨小傳》的角色名混合伊凡實際的中間名，化名詹姆士‧唐納‧蓋茲（James Donald Gatz）離開舊金山。

伊凡準備了好幾個月，學習用網路預付卡買東西，在拉斯維加斯租了個辦公空間，熟悉匿名路由器 Tor networks 和其他掩蓋網路行蹤的方法。追逐賽開始流傳開來，一小撮次文化的人開始追蹤他的行蹤，自行組織成派系般的公民團體，有人設法找他，有人設法保護他的身分。他一度跟隨 Hermit Thrushes 的樂團搭車從洛杉磯到德州和聖路易市而沒被發現，並假扮成「懶惰的管理員和有錢的金主」，分攤油錢搭上他們用來當巡迴巴士的改裝老人廂型車。還有一次，為了看美國男子足球隊在鹽湖城比賽，他剃了光頭偽裝禿頭男子，戴上巨大的美國國旗圖案眼鏡和小丑紅鼻子。

故事衍生出自己的生命，即使是真的聽起來也很誇張。發表這篇文章時，伊凡沒有透露結局，因為和他的雜誌責編尼克‧湯普遜（Nick Thompson）發現他們用某些方式說故事比其他方式好。〈消失〉大受歡迎，照紐約時報作者大衛‧卡爾（David Carr）的說法，它是「可追溯到傳真機時代的深入報導文學。」

伊凡在追捕期間收集了各種影片和各種形式的紀錄，他的編輯尼克‧湯普遜偶爾會丟出這些細節當線索給搜尋他的玩家。

伊凡向尼克抱怨自己無法做得更多。有好幾年，伊凡一直在思考新形式的新聞寫作，甚至在 2005 年申請相關補助但沒有實現。現在尼克和自信的伊凡邀請第三個人，他的朋友傑佛遜·傑夫·雷布（Jefferson "Jeff" Rabb），一起商量。三個人在布魯克林區的大西洋大道沿路喝了幾攤啤酒，決定他們要建立一個出版平台。照卡爾的說法，那是「記者們聚集在酒吧一面抱怨閱讀現狀一面點酒的初步具體結果。」

在當時，這種創業只是延伸自他們人生的投資組合觀點。尼克原本在《Wired》雜誌當全職編輯，然後去了《紐約客》雜誌網路版。伊凡是自由工作者，進行深入報導。傑夫是電腦工程師，做過一些作家網站，包括丹·布朗的《達文西密碼》網站。

他們決定真正動手的第一次籌備會議在 2009 年 10 月。同為南方人的伊凡向我說明時機、透露出幾乎宗教式的嚴肅和大學足球賽季的規律性：「我清清楚楚記得那個週末，因為當時有阿拉巴馬對田納西州的足球賽，是每年 10 月的第三個週末。」在那場比賽中，阿拉巴馬後衛泰倫斯·柯迪（Terrence Cody）在比賽的最後 4 秒阻擋了一次達陣，讓阿拉巴馬獲勝，在當季以不敗戰績奪冠。伊凡、尼克和傑夫決定探索無限的網路空間可以怎樣容納他們喜愛的、較長形式的多媒體報導，同時又能將檔案傳送到用來閱讀的手機等小型裝置上。

在企業置身草叢的階段，他們每週進行一次啤酒聚會，藉

著「說故事本身可以如何並存於數位和企業形式中」的燈塔問題推動他們前進。他們先向朋友、出版商,以及投資人尋求建議。有個潛在投資人說他們是在經營「生活風格企業」,這算是最終極的挖苦,像是在以龐大可衡量的報酬為目標的領域中,將他們的點子貶為「喔,真可愛」。伊凡說他花了好幾週才釋懷。伊凡回憶另一個投資人:「他的態度是認為你們幹嘛浪費時間搞這個,出版業?多賺些錢你們就可以……隨你們愛出版什麼故事。」以美式足球術語來說,他在勸告我們棄踢(punt,放棄球權迫使敵方必須從遠處進攻,意指先做其他安穩的事)。

他們沒有放棄,相反地他們創立了 Atavist。為了能說他們想說的故事,他們也必須建立可存放故事的平台,亦即信件和信封。在某些人看來,這表示他們有兩種生意——一個是說故事,另一個是科技平台。就前者來說,本業就是寫手的伊凡必須勉為其難接受它的商業標籤:內容(content)。首先,故事內容相對於平台本身的可測量性而言是個沈重負擔。但事實上,故事和平台就是信件和信封加在一起,必須同時成功。Atavist會每月付錢給作者寫一篇 Atavist 長篇報導,同時出租平台本身給 TED 研討會和道瓊等公司。該年稍後,他們推出任何人都能用來編寫故事的平台版本。

從商業策略的眼光看來,整個說故事計畫或許像是支撐平台的行銷花費,只差在行銷花費可以被分割。可測量的科技平台、土生土長、有機和非商業的創業都是同一件事的不同部分。

在 Atavist 的模型中，各房間的裝飾跟房子是不可分割的，內容和結構同時運作。

尼克、伊凡和傑夫成為這類大型企業活動的一員——一個將商業模式緊密跟隨產品本身，並把創作工具大眾化的企業。如同 Atavist 提供人人能用的說故事平台，Maker's Row 和 Byco 等公司會讓時尚設計師和任何領域的製造商，更容易找到工廠打造他們的原型設計。Bond Street 和 Upstart 等公司則讓那些公司更容易取得資本。

商業模式在設計潛力上變得越來越靈活；科技讓許多人更可能加入戰局（創業），規模較小，範圍更廣。但他們進入的仍是一個大得多的系統，有老舊的基礎設施和難以撼動的機制。企業和產業內部那些較新穎的信封設計仍要一起進入整體市場的廣大壁畫中。每個組織建造的房子，無論多麼獨特，結構或奉行的哲學多麼創新，它們仍然身處市場機制的大背景中。有時候蓋好房子還不夠。你也必須考慮背景。

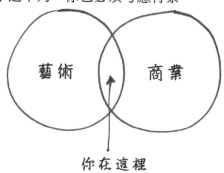

資本主義的設計侷限

如果成本結構和收入模式是設計的形式，先天的侷限和商業媒介本身的可能性會是什麼？溫斯頓·邱吉爾對民主制度的說法也適用於資本主義：「排除其餘類型之後，民主是最糟糕的政府形式。」身為企業藝術家，為了在設計時迴避或改變先天侷限，有必要先了解它們。

我將商業上主要的藝術性侷限區分成以下幾種：

1. 想像力問題

沒人能夠預測未來。大多數避險基金的免責條款都是同一句話的不同版本：「過去績效不代表未來結果。」有些人覺得即使未來無法預測，他們仍然可以管理風險。問題在於納西姆·塔雷伯（Nassim Taleb）所謂的「黑天鵝」。黑天鵝是指像股市崩盤的罕見意外事件，罕見事件的可能性在正常曲線上極低之處，或許僅 0.0003％發生機率。問題是當這些事件真的發生，它們會開啟一個 B 點世界，使得整套風險模型不再適用。2008年的金融海嘯就是這種狀況。在 B 點世界中，私人風險承受者的想像力問題，無法擺脫地涉及所有人。在 B 點世界中，每個人都必須收拾善後。

2. 利益集中問題

在許多案例中，包括 2008 年的金融海嘯，有個結構性的不平衡是在某個議題上，一方面對某些人造成分散成本，相對地另一些人則是集中受益。美國的問題資產紓困計畫（TARP）一開始配置了 7000 億美元，美國人口大約是三億人，所以原始配置平均花掉每人約 2300 美元，這不是一筆小錢。但是就大局來看，區區 2300 美元也不太可能讓你或我花上 3 年控告聯邦政府，而收到紓困資金的公司，從組織上來說，可是攸關生死的事。他們的利益集中，我們則是負擔分散成本。

在日常生活中，如果有人在關門時衝進電梯或地鐵車廂，他們只會耽誤電梯或車上每個人兩秒鐘，但他們為自己省下等待下班車的 5 分鐘時間。他們享有集中利益，其餘每個人分攤了分散成本。然而，如果每次有人為自己省 5 分鐘時，你都把車上幾百人的幾秒鐘加起來，結果絕對會超過 5 分鐘。整體而言所有人都受害，但是以分散均攤的方式。

商業中充滿這些成本效益搭配不平衡的結構性問題。其中許多問題具備全球共通的結構性特徵：如果你住在英國的小村，讓你的羊去公共綠地吃草似乎很誘人。但如果人人都像你這樣，公共綠地遲早會被吃光。汙染就是這麼一回事。你自己丟垃圾很方便，一個蘋果蒂算什麼？但如果人人都這樣做，人行道上就會布滿垃圾。

其他分散成本和集中利益問題不是全球共通，而只具備地域特殊結構性。1970 年代有個諷刺性保險桿貼紙引用學校活動募款方式，要求美國政府舉行麵包義賣會籌錢買轟炸機。有些東西——轟炸機，銀行員紅利，其資金來自很大金額中抽取的小部分，例如國防預算或交易費用。也有些資金來自每一分錢的籌措，像教師薪水或麵包義賣會計畫。

這不是銀行員和教師該拿多少薪水的道德問題，而是為何銀行員薪水比較多的結構性疑問。銀行員的整體薪資是一大筆錢的小部分。主張麵包義賣會買轟炸機的教師薪水則是一塊錢一塊錢湊出來的。科技平台已讓我們越來越容易協調方程式兩端的分攤和群募資金，但結構性不平衡是個設計偏限。

以龐大金額起步的義賣換轟炸機方式的優勢，在投資上有個變種類型是：（看你的算法而定）美國政府迄今 TARP 紓困的一部分投資是有獲利的。根據非營利媒體 ProPublica 報導，截至 2015 年 10 月，財政部花了 6170 億美元，以還款、股利、利息支付、銷售認股權證和其他收益方式回收了 6730 億美元。即使對政府而言，靠大金額賺到小報酬的力量仍然很有用，或者正如富豪老艾德格・布朗夫曼（Edgar Bronfman Sr.）曾經說過的：「把 100 元變成 110 元是工作。把 1 億元變成 1 億 1000 萬是必然。」

3. 外部性問題

經濟理論的核心是烏托邦想法。人們相信市場可以協調行為，讓我們把稀少資源用在最佳的方式。最昂貴的也最有價值，理論上如此。但市場並不會把一切東西的價值都包括在價格中。市場之外有價值的物品，無論正面或負面，都稱作外部性（externalities）。這些是經濟體系無法捕捉的漏洞。

你的時間對於企業的成本結構而言，就是個外部性。如果時代華納公司延遲幫你裝有線電視，你的時間成本不是時代華納明確成本結構的一部分。他們必須付薪水給員工，少付點薪水給幾個員工——假設聘用八個員工而非十個員工，對公司來說比較便宜，但是工人延誤的機率較大。時代華納省到了錢，卻造成你的不確定性和時間損失。

你的成本相對分散，公司的利益卻相對集中。同樣地，沒有人付錢補償你打四次電話給健保公司的時間。健保公司得到拖延的利益，也就是用你的成本負擔，在這段期間孳生利息。

我經常夢想有根魔杖，在我許願世界和平之後，我會許願企業必須付每個人最低工資以補償公司延誤，或必須為了公司的錯誤打電話追蹤，結果無止境等待的時間。這會訂出外部性的價格。還有，對垃圾郵件收取更高費用以計入浪費紙張、環境汙染和郵差時間的外部價格，會大幅改變現代西方國家個人的生活體驗。

從汙染到藝術家的創意作品，分配一切東西的財產權，可以幫助計算事物價格。但我們做得不夠，沒有計價的各種成本會產生設計的問題。無論如何，這作為起點告訴你，當你看到價格不等於價值時，表示經濟學失靈了。

4. 政治問題

試著證明以下陳述有誤：所有社會問題都能用教育或推動財政改革解決。特殊利益團體和被蒙蔽選民的政治問題，是我們最大的經濟問題，從慘烈的勾心鬥角過程爭吵、以及看不完的上千頁肉桶（pork barrel，意指酬庸）法案來看不難理解。立法或規範金融服務業的人總是不夠了解這個行業，我們這些投票的人，反而可以了解得比較多。另外還有決策中的利益衝突問題，例如：辯護律師和醫療疏失法案，健保公司和健保改革法案。至少至少，缺乏宣導的財政改革亟待討論。金主和說客已經變成了普遍認知中主導晚宴對話的吹牛大王。

我們有責任自我教育，但是大家都很忙。同樣，了解政治系統的人享有分散利益而花時間了解政治的人有相對分散的成本。如果我們都願意花時間了解，社會整體會有集中利益，如果我們冷漠就會產生損失。

世界上有太多資訊，很難懂得夠多知識。我個人會想要了解泰諾 (Tylenol) 止痛藥的化學機制和比特幣的編碼數學原理，更

別說選舉流程和如何更換破輪胎了，而這些事多到我可能一輩子都辦不到。但就像其他人，我還是有責任至少打起精神試試。

5. 品德問題

人們很容易懷念大家在雪地中赤腳上學，來回翻山越嶺，或公眾人物有情婦但我們不必知道庸俗細節的舊時代。但我們依舊容易認為屬於羅傑‧班尼斯特或所謂「偉大世代」的尊嚴和勇氣等老派價值已經式微。科技和企業形式越強勢，人們對自己的決定越缺乏責任感。

適用於電腦和文件的道理，也適用於大型經濟工業複合體和人性品德。電腦可以取代對文件的需要，因為你可以用螢幕閱讀。但是我們擁有電腦越多，實際上列印的文件也越多。同理可證，企業基礎設施和科技的用意，在於以自動化系統和決策取代人為錯誤或遲緩。但是從程式交易到電腦駕駛的飛機，我們用的系統越多反而需要越多人來監控它。

6. 共通風險問題

麥可‧波倫（Michael Pollan）在《雜食者的兩難》一書中，建議人們在肉類和農產品所在地附近的雜貨店採購。他解釋，否則所有食物都會使用玉米糖漿和其他玉米副產品製作，如果我們吃了這些食物，那我們只能吃到玉米。金融業也發生了同

樣的情況，整套不相關的交易可能突然間都掛勾到一個共通的風險因素。整個金融體系意外地全部用玉米構成，具備把所有雞蛋都放在同一籃的風險。

例如，華爾街交易員看著美元和日圓之間的匯率和相對利率，發現「套利交易」（carry trade）的好機會。交易員以低利率借日圓換成美元，然後買較高報酬的美元商品。問題是如果人人都這樣做，美國債券市場有些部分私下會由日圓構成（譯註：增加了匯率波動的風險）。

這個問題很難矯正，因為其核心在於資訊的經濟特性。投資策略經常是零和的。如同足球或橄欖球比賽，只有一隊能贏（一隊是 +1 獲勝，另一隊是 -1 落敗，所以是零和）。因為這不是雙贏的機會，交易員會把好點子保密到家。他們想要當贏家，但那也表示他們可能都在做同樣的事而不自知。

是否與主管機關分享這個資訊也是個棘手問題，因為資訊一旦公開就不再是祕密。如果我有個祕密配方，除非我告訴你，否則你不會知道它的價值。但我一旦告訴你，你若能記得住，為何你還要付錢向我買？資訊的經濟生命讓監管很困難，但如果我們都更了解套利交易——請那些實際執行過的人教我們怎麼做，或許我們可以想出更好的方法來管理共通風險問題，而不必冒險揭露他們的祕密。這個侷限不只是擁有更多或更少的錢的問題，這是私下承擔的風險可能突然變成集體風險的問題。

7. 資本主義盛行問題

最後的問題，單純只是無所不在的資本主義。以任何顯著方式改變體制都是很嚴重的未知數，有點像現代社會的壓裂（fracking，開採頁岩油的新技術），可能成功也可能慘敗，我們不知道結果。所以說，民眾不了解市場經濟是我們這個時代最大的政治挑戰。

市場失靈和商業策略是一體的兩面。只要你能想通怎麼站在方程式裡正確的一邊，任何這類問題都會給你抽取更多價值的方法。從市場失靈獲利也算是活化你自己被啟發的自利心。對此，我會問你兩個政治問題，我認為這是你可用來自問的最強大、決定性的政治問題了。

第一題是：你界定自己的自利心有多窄或多寬？受公立教育符合你的利益嗎？或你的利益比較狹窄，只是為社會生產商品和累積財富？活在人們可以受教育的社會符合自利，或人們根據自身能力多寡貢獻而致富比較符合共同利益？沒有標準答案，但這些個人政治觀會建立你對於企業該如何在體系中運作，以及人們該如何行動的標準。

第二題是：你對理論或實務上的事情有多在乎？例如，許多人會同意某些政府服務經營不善，冗員太多又過度官僚。一旦發現實務上的缺失，你會寧可接受不完美的政府，或接受理

論上完美卻不給民眾留安全網的政府？這個問題的答案會判定你的投票傾向，也會讓你學到如何處理解決組織性問題：設法以不完美的執行原則，或是必須完美遵守的規定去主導事情。

任何藝術計畫的現實，不論在公司、組織，甚至包括社會，就是（至少以我自己的小型繪畫類經驗來說）計畫通常一開始會以某種理想化形式出現在你面前。然後你開始製作作品，當你做到一半，會發現它看起來跟想像的完全不一樣。在此之後發生的一切才是最重要的部分。

我們生活的世界，包括我們的整個社會、家庭、職場，都已經像個半完成的繪畫。我們很少有空白畫布。我們幾乎總是在現狀基礎上，建立我們希望的東西。我們不是從零建立 B 點世界，而是從我們所在的 A 點世界。所以，我們都必須跟不完美的事物搏鬥。我們可能想要製造永動機卻受限於物理法則。我們必須接受以完美為目標，很可能最多只描繪出通往好的、完整作品的軌跡而已。我們的作品從來不是存在於可能完美的真空中。作品是在與我們所採用材料的侷限對話中，以及在彼此對話中成形。

別問經濟學能為你做什麼

這些宏觀問題的唯一標準答案是，要能夠了解你自己的想法並和別人討論，也就是從電視和網路訊息中去媒介化，進行結果開放的老派對話。這意思是，資本主義需要民主制度工具，它需要資訊完備的選民。身為藝術家就是當個獨立思考者；獨立思考是最大的政治價值。你想什麼並不太重要，重要的是你在思考，而且持續思考。

資本主義的設計侷限就是這樣，如同油畫要很久才會乾燥，冰雕必須跟熱能對抗。這些侷限都是要被考量和設計的，它們只是你所使用的材料本質的一部分。

企業要避免像個被拘束的規則系統，而要像一套創意建材般運作。無論效率和機械式結構如何，企業必須是個能夠給予人性化可犯錯的系統，隨時可以修正。借用約翰·甘迺迪總統的說法：別問經濟學能為你做什麼，要問你能為經濟學做什麼。想想無論單獨或一起，如果更多人夠了解商業，在其中建造東西會有什麼可能性。

作為起點，我教導藝術家學商業時最推薦的策略之一，是我所謂的潛望鏡招式（periscope move）。你看著自己的計畫和目標，考慮什麼方式行不通，然後花時間升起潛望鏡看看還有誰有同樣的問題。我朋友卡洛琳·伍拉德（Caroline Woolard）

是共同創立稱作 Trade School 的以
物易物經濟學派的藝術家，她曾經
召集創立激進教育計畫的所有藝術
家。聽起來簡單，但相對於人們現
今變得多麼忙碌和專注，這可能是
革命性的一步。

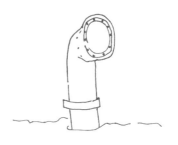

　　同樣地，我經常被藝術家詢問該如何賣掉他們的作品和找
到藝廊代理他們。這是如何賺錢和找支援等廣泛問題的藝術領
域特殊版本。找藝廊不是可複製的路線目標，搶占藝術界的高
層地位就像在好萊塢出人頭地一樣，是個特殊過程。如果藝術
家利用潛望鏡招式，她可能發現其他藝術家，包括她仰慕的人
都跟她的處境一樣。如果那些藝術家跟其他人一起辦展覽，就
能幫到每個人。其實，超成功的英國藝術家戴米安‧赫斯特
（Damien Hirst）起步時就是為自己和朋友們辦團體展。要是他
沒有那麼做，他可能無法創造群聚效應而吸引到收藏家查爾斯‧
薩奇（Charles Saatchi）前來看展，並且成為赫斯特的工作夥伴。

　　在商業情境中，當一群製造商或培育者一起合力建造市場，
也會發生同樣的協作成功典範。英國牛奶行銷協會（The Milk
Board）發動全國廣告活動鼓勵民眾喝牛奶，而人們通常透過當
地或區域性業者購買牛奶。協會提升了成功的整體潛力，讓每
個會員有更大的銷量，卻不必直接互相競爭。因為牛奶銷售大
致上是個區域性市場。

潛望鏡招式適用於任何需要集體行動的事情：工作與生活平衡、系統性低薪，或你遭遇的任何特殊狀況。你們或許能夠一起發展出一個遠超過單打獨鬥能夠建立的模式。

終究所有企業都必須回歸設計原則，就是讓價格等於價值的結構性嘗試，同時能照你的想法廣泛定義價值。如同我們先前提過的，創意工作做起來極度困難，是因為價值本身事先並不明朗。如果你專注在創造價值本身與設計的風險上，並在結構上盡力迴避風險，那麼你就蓋出了可以連結到繁榮大都會網絡的房子。

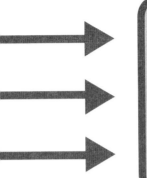

第七章
綜觀全局

通盤考量組織中不同領域的複雜性，培養
溝通協調的通才。

我熱愛生命。我向來如此……但我不是因為生命美麗才熱
愛。美麗很膚淺，我是更真誠的熱愛者。我喜歡生命赤裸
裸的樣子，對我來說即使醜陋也有美感。其實，我完全否
認醜陋這回事，因為它的罪惡通常比美德更高貴，也總是
更接近啟示……
成功且不會招致更大失敗的人，都是心靈上的中產階級。
他們停留在成功狀態是他們妥協於平庸的證明。他們原先
的夢想多麼渺小啊！

——尤金·歐尼爾

經歷草叢中的過程和利用燈塔導航之後，我們用其他管理風險工具建造船隻。我們用企業本身建造，接受企業的信封（商業模式）作為隱含作品本身的信件（產品）的平行創意過程，我們也一直努力記住廣角視野。為了把這些零件拼成一個整體，我們必須回到一開始關於李奧納多‧達文西的問題：如果他活在現代會做什麼？

　　比起我們，達文西的人生景觀有不同的配置。當他在創作的草叢中，他可以命名草叢。當他提出燈塔問題，他也同時建造了燈塔。他是終極的通才，置身於人類知識的最先鋒。他的能力搭配知識的速度讓他發現了所有可知的事物，加以延伸，然後再度發現。

　　他設定了藝術家類型的高門檻，也引發了本書最後的燈塔問題：藉著協作和工程，要如何從我們所有人中創造出一個現代達文西？在較大的 B 點世界和較小但無限的世界——用教育方式創造每個人，會牽涉到什麼？我們的入口處是一個投身建築，希望改變城市的藝術家故事。

薑餅人 vs. 維特魯威人

　　克里斯多夫‧麥納（Christopher Miner）是個名符其實的藝術家。他有耶魯藝術學院的 MFA 學位，還有紐約藝廊 Mitchell- Innes & Nash 當代理。藝評家肯‧強生（Ken Johnson）2009 年在紐約時報寫道：「如今藝術中的現實生活感實在不夠。但克里斯多夫‧麥納的人性化、好玩又單純的美妙影片例外。」

　　克里斯最新的藝術計畫不是拍片，而是將田納西州曼菲斯市占地 150 萬平方呎的 Crosstown 大樓，改造成城市聚落和藝術複合建築。克里斯的第一個創業夥伴，是曼菲斯大學的北方文藝復興藝術史教授陶德‧理查遜（Todd Richardson）。

　　這個 Crosstown 是個龐大到宛如航空母艦、油漆斑駁的舊大樓，從 1993 年以後就荒廢關閉了。那是席爾斯百貨從 1920 年代起在全美推出的十棟大樓之一，做為區域超級店面和型錄郵購配送中心。穿溜冰鞋的員工會沿著漫長的水泥地面尋找庫存，然後順著領取行李用的斜坡丟送到樓下給包裝工人，由他們寄出商品。1965 年，該大樓每天有能力處理 4 萬 5000 件郵購訂單。那是在亞馬遜公司出現之前的亞馬遜倉庫兼寄送中心。這類大樓有許多早已改作其他用途，像波士頓大樓有電影院、商店街和醫療辦公空間。西雅圖大樓裡則有星巴克咖啡的全球總部。

　　1927 年 2 月開幕的曼菲斯大樓，位於都市計畫中最精華的十字路口，這塊地為了讓路，在 1960 年代被剷平，但卻從來沒有動工。為了確保 40 號州際公路能貫通東西岸，都市規畫者剷平了曼菲斯市中心一大塊區域——介於俯瞰密西西比河高地上的鬧區天際線，和向東延伸到郊區購物中心及農地住宅區之間的區域，但公路沒蓋成是因為它預定要穿過歷史建築區中的綠地奧弗頓公園。在 1971 年的公園保護團體對國家運輸系統中心一案中，公園保護者罕見地勝過國家徵收權，官司一路打到美國最高法院。結果拯救了公園，但在曼菲斯市中心留下一條巨大傷疤。曼菲斯大樓像一塊厚重的繃帶貼在那裡，對原始都市

計畫的傷口施加沉重卻又空虛的壓力。Crosstown 大樓聳立在平房社區，旁邊還有一塊足球場大小、推土機遺留的廢土堆置場。從廢土堆頂上，你可以看到汽車在改道的州際公路上呼嘯而過，宛如坐在海邊觀浪的怪異都市版本。

如果 Crosstown 大樓可以重新規劃，這個位置可以重新連結市中心與其他地方，且可能轉變城市的生命。曼菲斯市的體質不錯，有聯邦快遞和 AutoZone 的全球總部，但它也名列美國第四危險的城市，每年平均每 10 萬居民中就有 1500 件暴力犯罪。

事關重大，關鍵在於克里斯和陶德的計畫能否同時達成藝術和財務上的成功。他們分工合作。陶德負責聯繫當地企業和政府領袖，尋找大樓的承租夥伴，例如學校、健保設施和營建商。克里斯則負責建立核心的藝術中心，即 Crosstown Arts。

嘗試征服 150 萬平方呎大規模的高樓，就像試圖在黑暗中安全橫渡大西洋。你需要的是 747 飛機而非腳踏車。所以陶德開始跟不動產專業人士團隊合作，以建立財務模型。

當時，克里斯和陶德已經寫出 76 頁的營運手冊，列舉他希望的 Crosstown Arts 未來樣貌。這本手冊對他們重要到你可以想像它被放在手提箱裡，用鐵鍊鎖在 1980 年代復古警匪電影中丹·艾克洛德的手腕上。他們對藝術中心的願景有些部分看來像既有模式——藝廊或藝術家進駐計畫，但以他們心智運作的方式，他們並非全盤照抄，而是從頭重建模式。

例如，克里斯想要創造一家有機咖啡店，在進駐計畫中餵飽藝術家們以及尋找鄰近午餐地點的在地企業員工。克里斯認為這家咖啡店會是藝術中心最重要的部分，宛如整艘巨大航艦企業號的寶貴熱誠之錨。起初，財務團隊認為經營咖啡店是個餿主意。從商業的立場，不是食品業者卻管理一家餐飲店既費力又花時間。他們認為克里斯應該把這家店外包給較大型專業食品供應商，他們做的三明治成本會比克里斯做的要低得多。但克里斯不想要用包著膠膜、蕃茄又難看的那種三明治。他要非塑膠、無基改、用愛製造的純淨食物。即使克里斯的藝術願景像達文西的維特魯威人一樣完美又完整，他的顧問卻想要將它擠進標準 Excel 牌的餅乾模型之中，把它做成薑餅人。

Crosstown 是個啟發性的點子，但沒有財務模式絕對無法實現。克里斯和陶德需要財務團隊，否則他們的願景會陷入自我想像的困境中。克里斯和陶德要跟財務團隊合作，他們必須能夠討論商業模型和描繪數據。財務團隊要跟他們合作，克里斯和陶德會希望財務團隊能夠保護足夠的「對，而且…」空間，最終能夠設計出迴避掉「不」的部分。他們都在沒人有能力獨自認清方向的未知領域中。

城市比企業複雜又更為遲鈍，企業又比小群體和個人複雜和遲鈍。在 Crosstown 計畫的案例中，大樓的藝術家不是單一個人，而是龐大的協作體。藝術家除了是任何個人或團隊，也是過程本身。

知識體系上的連接組織

他們需要的技能、資訊和工作方法，會迫使他們仿效維特魯威人的作者達文西，嘗試用多人團隊打造出一個通才藝術家。這讓他們陷入如何從教育架構和藝術定位，想像現代版達文西的兩難中。

從達文西的時代以來，我們教育路線的數量大增、視野卻變窄。在 11 世紀，英國劍橋大學只提供 11 種學位。在 18 世紀，它提供 13 種學位。現在劍橋提供 67 種不同的學習領域（參閱附錄）。相對於一個完整的知識體系，我們活在一個專業特化的時代。

同時，資訊量倍數成長。2010 年，Google 總裁艾瑞克・施密特（Eric Schmidt）宣稱，每兩天我們創造的新資訊量就等於人類歷史黎明到 2003 年創造的資訊量總和。2003 年，微軟估計管理全世界企業的電腦伺服器掌握了 0.005 ZB（zetabytes）的資料。到了 2013 年，數字上升到 4.2 ZB。國際資料公司預測，到 2020 年此數字會上升到超過 40 ZB。

在現代當通才不是單人運動，而是把好奇心連結到協作對話的個人行為。這也是由上而下的分類與由下而上的自我定義之間的大衛與巨人之戰。

新的後設通才

　　1920 年代，有個新產品問市。它是一組休閒著色畫本，頁面看起來像著色簿、畫中的每個空格裡都有數字，數字對應著不同編號的調色盤。到 1953 年，這些稱作編號繪畫的組合平均零售價 2.5 元，在美國賣掉了 8000 萬美元。到 1954 年，美國家庭使用這些組合產品的數量超過了原創畫作。

　　一方面，你可以說編號繪畫的組合有創意，能讓人們發洩創作慾。另一方面，這個活動很制式，要求你回答問題然後完成任務，而不是先設計任務。在史密森學會的美國歷史博物館策劃展出這些圖畫時，小威廉‧博德（William L. Bird Jr.）形容這種組合是「文化商業化和機械化的成人版象徵」。有時候文化機械化後就不是文化了，而是工業。創意被用來當作賣東西的掩飾。標準化戴上了獨特故事的面具，人生本身變成了多重選擇題考試，沒有以上皆是的選項。

　　我碰巧很喜歡編號繪畫組合。我覺得它們充滿懷舊情懷。我最喜歡未完成狀態的，它們因為迂迴和特殊性而美麗，顯示出我們即使在標準化形式上都會堅定地投射出自己個性和特徵。但光看那些組合就是預設道路的象徵。如果你遵照指示，你會成功；如果你保持開放結果的自我，你會升級。令人傷心的是，能夠引發自我形塑的教育過程——即每個人自己的 B 點，本身

越來越傾向模組化成就，而非不預設結果的過程。

2009 年秋天，前任耶魯英文教授比爾・德雷西維茲（Bill Deresiewicz）向美國西點軍校的新生發表演說。1 年後他以〈孤獨和領導力〉為題出版了這份講稿。德雷西維茲主張，在學校和課外活動中不斷要求成就以求進入菁英大學的心態，把原本獨特的人變成了無法像領袖那樣應該堅持自己思想的高階技術員。他有個學生發明了「優秀的綿羊」（excellent sheep）一詞來形容這種人。他們是「世界級的跳圈圈馬戲團，你設下任何目標，他們都能達成；給他們任何考試，他們都能高分通過。」德雷西維茲擔心我們會將整個世代培養成技術性領袖——能回答問題但不懂發問。每個人身上都有發問而不只是回答問題的能力。風險在於去發掘它。

威廉斯學院藝術史教授麥可・路易斯（Michael Lewis）描述了類似的事情。他舉行考試時，開放在平淡分析式和異想天開式的問題之間選答一種，例如：「探討從文藝復興到 19 世紀的雄偉階梯建築發展，並舉例說明。」或者「米德將軍在蓋茨堡睡過頭，南軍贏得了內戰；你奉命建設新首都，你必須告訴我們你會選哪些建築師，給他們下達什麼指示。」

25 年教師生涯中，他的學生幾乎完全從選擇想像式問題轉變成選擇「平淡和盡本分」的問題。他是這麼描述的：

現在的學生比前輩們堅強多了；他們明顯地更加社會化，做人更謙和有禮，也更能自律。教導他們是一大樂趣，但他們不冒任何風險，即使在小考中回答個玩笑問題也不願意。

懂得發問，或回應結果開放的大問題，是發明 B 點的核心要件。教育本身不是用知識填滿一個人，而是知道如何自我創造。在日益特化的世界裡比較難提出廣泛問題，要分析的資訊太多了。我們必須表現的是，即使身為專家仍然可以有原創性和淵博知識。我們需要方法去融合蓋茨堡問題的開放式結果和階梯歷史的狹隘性。我們必須把每個人定義為專長及特殊世界觀的組合——記住階梯也接受假設的能力。 我們必須接受每個人都是通才，但在某方面也自成一格以及具有原創性。身分的建構不是設計或工程，而是藝術的行為。

藝術與科學，復興

2006 年，史丹福大學 (許多矽谷新創公司誕生地，也是聞名的哈索‧普拉特納設計學院，俗稱 the D. School 所在地) 校方決定不只要培養設計和創業，也要培養藝術。現在的史丹福藝術學院源自規模較大的「史丹福挑戰」（Stanford Challenge），即針對人類健康、環境、國民基本教育、國際研究和藝術五大主題建立的策略規畫和募資平台。

要了解這項藝術倡議，你必須檢視當時史丹福的另一項計畫。從 2010 到 2012 年，史丹福進行了針對大學教育的研究，17 人組成的委員會奉命對該大學的課程編排進行全面的檢討。委員會聯席主席之一是女性蘇珊・麥康納（Susan McConnell），蘇珊・福特學院的生物學教授。

麥康納證實了在自身領域真正頂尖的人都很謙遜的世俗推論。她自稱蘇，是個熱心的保育攝影師兼神經學家。她的研究內容是大腦中神經線路的發展。

蘇的委員會發布對大學課程的報告，結論是大學的人文必修課沒什麼作用。蘇以謙虛和好奇的語氣在報告中寫道：「教職員的特性是一聽到這種話，就譴責學生們憤世嫉俗，但我們的過失比他們大。」

結果，史丹福大學取消了核心人文課程，用「通識必修」系統取代。學生要在七個不同領域選修一到兩門課：美學和詮釋性探究、社會研究、科學分析、形式和量化推理、面對差異、道德和倫理推理，還有創意表達。最後一項——「創意表達」，意思是所有史丹福學生都得選修某種創作課程。

作為藝術倡議的一部分，發展出兩個不同課程讓學生能在藝術學院進行實作專案。其一，蘇和名叫安德魯・陶德杭特（Andrew Todhunter）的作家創立一個稱作高年級檢討（Senior Reflection）的科學課程。另一項，史丹福藝術學院開始執行藝

術榮光（Honors in the Arts）的倡議。蘇和安德魯的高年級檢討課程結合作為過程的大藝術思考、以及作為主題的科學。榮光課程則是針對同時代藝術與科學的學術研究。湊在一起就闡述了關於知識體系的連接組織，和藝術家作為勇敢探索者的故事。

高年級檢討課程開始後，至少 75 個學生選修。他們花 1 年研發一個與科學研究相關的藝術專案，並與同儕每週密集召開研討會執行計畫。在史丹福這種大學裡，擅長學習和考試的人才會被錄取，因此高年級檢討專案只以努力程度和方法評分。意思就是專案建構的重點在於過程而非成果。就像蘇說的：「我們希望他們能迷失和困惑，因為這類經驗遠遠不夠。」

對比之下，史丹福藝術學院的藝術榮光課程是以藝術成就評分，學生們必須具備平均成績水準才可申請和透過競爭流程獲選。他們的最終專案會由一批專家檢視之後授與榮譽獎。

2014 年，有個名叫喬丹・布萊恩（Jordan Bryan）的四年級學生打造了音樂視覺化軟體作為他的榮光專案。他必須解決一個棘手的數學難題才能成功，那個解決對策變成他的數學論文，讓數學研究更進一步，真的。深入鑽研數學，都不如藉著藝術去了解視覺化的數學來得更有收穫。

至於高年級檢討中的科學主修生，蘇觀察到他們覺得藝術部分比任何科學困難多了，但他們對遭遇障礙並克服覺得驕傲。

我暗示他們，勇敢和好奇心會在成為科學家以後很有用，她說：「什麼職業都一樣！要嘗試！」

蘇自己在哈佛讀大學的時期，認識的每個人都主修藝術，在哈佛稱作「視覺和環境研究」。蘇說她的畫技很糟糕，但還是選了一門課。每週她都很痛苦。上週，她畫了一台腳踏車。「我只用瘋狂隨興的方式畫出輪輻。」她老師走過來說：「妳終於懂了，對吧？」

在那一刻出現了藝術家的精髓——敏銳的即時觀察力加上原創、獨立的敏感心智。羅德島設計學校（RISD）前校長兼Kleiner Perkins 創投公司的首席設計合夥人約翰·前田（John Maeda，此人為日裔）說過，藝術作品就像風箏。風永遠存在，而風箏凸顯這點。

當個藝術家是文科教育的基礎：培養世界觀和優先學習如何學習。自我存續的 A 點世界中充滿了考試的分數和各種度量單位，就像是跳圈圈。B 點世界則由特殊的人創造。一開始你可以先注意這個世界，並由此起步。

史丹福的藝術課程呼應約翰·前田從 2008 到 2013 年間擔任 RISD 校長發起的 STEM to STEAM 運動。原始的 STEM 倡議強調小學教育中的科學、科技、工程和數學四個科目。而STEM to STEAM 倡議添加的字母 A 就代表藝術。2013 年約翰本人在《科學人》（*Scientific American*）雜誌中說到藝術與科

學:「兩者都致力於提出放在我們面前的大問題:『什麼是真理?為什麼重要?我們可以如何推動社會進步?』兩者都深入搜尋這些答案,並且經常迷路。」

史丹福前述的兩個課程都指出對話和跨領域合作的重要性——把整個大學當成達文西的大腦、規劃出跨領域路線的學習。

建立連接點是人類心智演算法的基礎。同樣在史丹福校園裡,有位名叫李飛飛的女士是人工智慧中心的主管。她訓練電腦辨認圖像,並在過程中建立連接網絡。典型的案例中,讓電腦辨識一隻貓可能要用 2400 萬個節點、1 億 4000 萬個參數和 150 億個連結(幸好,網路上許多人喜歡貓,所以李飛飛利用群眾幫忙找 6 萬 2000 張貓圖片來完成任務不太困難)。 人腦有能力進行組合式運算,這是可凌駕並啟發電腦的能力。當然有時候資訊太多,電腦能夠記得比較清楚。在大多數情況下,任何大問題都需要很多大腦一起合作。

這對我們有何影響?它讓我們接受特化的必要性,但是要按照我們自己的條件進行特化。為了捕捉你自己諸多特性的交集點,你必須設計自己的特色象徵,然後盡力廣泛涉獵知識。就像電腦能辨認貓咪照片,你必須自己有能力跨越許多領域整合資訊——但要從你自己獨特的交集觀點。結果是專業身分會同時變得更窄化也更寬廣,更難以被分類。

專業身分問題

　　我就讀藝術學院時，十分著迷於專業身分的概念，這可能是因為我沒有專業身分。專業身分——「那，你是從事哪個行業？」這類問題，好似現代式的執念，但其實不然。偉大的行業繪畫，包括林布蘭 1642 年的傑作《夜巡》，今天掛在阿姆斯特丹的國家博物館中，其實就是向世人宣布專業歸屬的行為（林布蘭的繪畫描繪一群軍人，跟班級團體照不同的是，他們的名字都畫在盾牌上）。

　　專業自我的一致性結構很大一部分是我們如何理解別人，並告訴自已我是誰。想想你的職場，你可能可以輕易想出一些事物放進行業繪畫裡——專業道具、場地外觀、人們身上穿的明顯或隱晦的制服。

事實與表象相反，專業歸屬越來越不明顯。瑪希・艾波赫（Marci Alboher）寫過一本關於「兼任」職涯現象的書，其中講述「老師／薩克斯風樂手」或「律師／牧師」這類人。我們認定哪些職業可以放在一起而不用加斜線——女星模特兒，或醫師研究員——的觀念會隨時代改變。李奧納多・達文西當了藝術家維洛吉歐（Andrea del Verrocchio）六年的學徒，完成自己的專業訓練後加入一個涵蓋藝術家、醫師和藥劑師的工會。醫師藝術家一詞在今天就需要加斜線（醫師／藝術家）。

很少人認同自己完全符合他們的工作類型，像是徹底的經濟學家，什麼都管的的典獄長，諸如此類。有些我們認識的人的世界觀符合他們自己的職銜，無論他們是否真的做那份工作。學識淵博的發明家卡爾・翟若適（Carl Djerassi）對避孕藥研發有重大貢獻，他同時也是小說家，對他老婆而言則是化學家。她習慣暱稱他「化學家」，例如看完他的書稿之後抬起頭來說，「化學家，寫得不錯」。「藝術家」這個標籤特別曖昧，是許多人從事、一些人抗拒、且人人可以加入的類型。

Crosstown 計畫的克里斯多夫・麥納是個藝術家，就像卡爾・翟若適是個化學家。克里斯是個特大號創意人，會親手建造自己家、認為好玩的派對不只是傳遞小點心，而是週末到密西西比州的夏令營打扮成知名 NASA 科學家的人。不過，克里斯還是有個部分比較正常——他只是個想要做有價值事情的人。

如果我們不當化學家或書記官，而且都能選擇自己的特色象徵的話呢？建立你自己的特色表示你要藉著組合你感興趣的領域，讓自己變得真誠和具原創性，並發揮超出你所有能力的潛能。這表示你在知識體系中開拓出自己的路線，也表示你接受特化是面對壓倒性資訊量的必要反應，但你不接受特化是別人選擇貼上的標籤。

設計你自己的特色

有許多方法能讓你想出自己的特色。你的目標是用自己編排的簡短故事描述你自己，你不是度量數據，你不是人口統計數字，你不是職銜。你是像雪花般不可複製的所有時間點的融合。你的目標是描繪故事起源的核心或劃出故事涵蓋空間範圍的輪廓，你的主要目標是因為你對此感興趣。

你可以從想像人生中幾個最有代表性的時刻開始，就是當別人用一個故事總結你生平時，可能會說的軼聞趣事。例如，我姊姊在自己的婚宴上跟樂隊一起合唱——不是因為喝醉，而是在婚宴途中。她在我哥的婚禮上斜衝出來，接到了捧花。事後她說「我以為那是競賽。」她在其他場合也是主唱和運動員。相形之下，我通常很怕觀眾需要參與的活動，也迴避唱卡拉OK。我自己的特色是像橋樑一樣連接事物。

如果從軼事開始講述不適合你，可以把你自己想像成芭芭拉·華特斯（Barbara Walters，資深記者）風格的採訪者，自問一些意料之外的問題，設法引發對自己的洞察：

- 如果身在大自然中，你會是什麼東西或你會如何消磨時間——木頭、松鼠、穿山甲、河流，或遙遠的銀河？

- 如果你必須當中學自然課堂上的冷門動物，或許是體型巨大但性格溫和只吃浮游生物的鬚鯨，你會是什麼？（這題或許最接近 1981 年的聞名訪談，芭芭拉·華特斯問凱薩琳·赫本她想要當哪一種樹木。）

- 如果你必須當個電影角色，當誰、為什麼？汽車的哪部分最類似你喜歡做的事？汽車能動是因為核心零件一起合作，就像燃料、引擎運轉、馬力、踩油門。你是用點子、魅力或熱情讓引擎運轉？你能堅持到底地推動拋錨的車子嗎？你偏好導航嗎？你的本性比較像腳踏車或飛機，而完全不像汽車嗎？

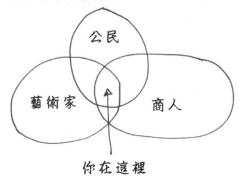

這些練習應該能開始讓你察覺自己在世人眼中是什麼樣子、如何成長。你要設法給自己一個簡短的小故事。如果你仍然想不出來，你可以把它拆解成單一問句，在散步或跟朋友喝酒時想一想：

- 你最快樂的是哪些時候？

- 你上次很有成就感是什麼時候，為什麼呢？

- 如果你必須籌備一個複雜的計畫，如盛大晚宴、董事會議、產品上市，你會怎麼進行？你會跳進去，先寫個計畫，聯絡可以幫你的專家，委託、緊張，或拖延呢？

- 人們會把你聯想到什麼特定字眼嗎？如果你在十人團體中，有人要用不適用於其他人的三個字形容你，他們可能會怎麼說？

- 最後，如果你可以為所欲為但必須在某方面對別人有貢獻，明天你會做什麼？

你也可以用貨幣轉換率想想你特色的各個層面。我的意思是，通常你能做的事會稍微超出你的舒適區，但這會消耗你更多精力。就像用有點吃虧的匯率把錢換成外幣——超過一分努力才有一分收穫。對你很擅長的事情，你可能半分努力就有一分收獲。你能否想到感覺真的很吃力，或得心應手渾然忘我的

活動？這些指標顯示出哪些活動你會喜歡，而且長期而言最適合你。

要把這些概念應用到實務上，請試著在你的職場作個特色實驗。尤其是大家有類似工作的地方，看你能否區別他們的獨特方法。例如，我有個叫瑪格麗特的朋友從事業務發展的工作。她的同事，姑且叫他史提夫，也在業務發展部門。但他們的相似處僅此而已。史提夫專找新的大客戶，他像老練獵人般嚴加看管客群。相對地，瑪格麗特掃瞄人群立刻就能看出可以培養的人，她像個園丁。

另一個人，就叫山姆好了，在大型美商公司工作。他說他觀察同事的行銷和產品團隊，看到很多農夫但很少漁民。山姆看出很多人像園丁瑪格麗特一樣可以培養土地和適應不確定性，但很少人冒大風險和投餌釣魚。他看到守護者多過冒險者。

終究，打造你自己的特色是讓你當個藝術家建構你的實際身分，讓你拼湊激勵你的一切以及解決問題的方式，還有你所知與想要學習的事物。

科技也是用下列方式打造特色的一部分：當我們檢視第四章的所有權股份，管理微股份的投資組合得靠科技才有可能。用小像素而非大積木建造東西，靠科技比較容易。科技用較少協調成本管理小碎片的能力，是我們這時代的特色。Uber 這類

公司把運輸去媒介化。許多領域的勞工，包括 Uber 司機，成為獨立自由工作者並組成網絡，而不是作為同一個公司屋頂下被雇用的員工。建立你自己的特色時，你同樣可以聚集你自由選擇的興趣在你自行設計的屋頂下。科技本身因為創造自己像素化身分圖像之能力而變成特色。有些人會將它稱作你的品牌。那也是你的本質，你對於如何和為何活在世上這些最基本問題的解答方式。

此處對特性之多樣化有個基本信念：每個人都是獨一無二的。即使你置身很多人夠資格從事的職位，你的做法仍是與眾不同的，用對你而言特別的方式做事，因為那是你個人如何被世界看待的延伸部分。你發問和完全投入作品的能力越獨特，世界和你所屬的組織越可能成功。

通用插座

除了明確特色之外，還有些人人都必須具備的技巧，才能讓你在這個越來越要求跨越理解鴻溝互相溝通的世界上，盡量地專精及有效率。這不是要你精通知識體系，而是要你和別人連結、熟悉其他領域，並了解別人如何判斷事物真偽的技巧。對律師而言，可能是指提出論點的邏輯。對化學家而言，可能是指科學方法。對電影編劇而言，可能是故事的結構。

想像兒童的形狀分類玩具，圓形積木穿過圓形的洞或方形積木對上方形的洞——我們必須成為能同時穿過這兩種洞的彈珠。我們必須能夠從任何領域接受資訊，當個什麼都適用的通用插座。這些就是輕便與連結的工具。

當你建立自己特色的特化性，考慮以下在其他領域培養敏感度和知識的習慣。在閒暇時間，看看你能否採用「科系必修」練習。如同文學院課程要求你上人文學科、社會學和自然科學的課程，並設法在日常生活中學習。下次你去機場，不要買商業雜誌或生活雜誌，改看《科學人》，反之亦然。身為中世紀學者的我家老媽就是個會在機場看《哈佛商業評論》的人。下次當你認識對你覺得無聊、冷僻或難懂的事物感興趣的人，看看你能否練習引發好奇心。下次你看報紙時，從你通常會略過的版面開始看。

活在如此特化的世界上的具體道德責任之一，就是專家有責任解釋他或她的領域。身為專家，讓你的領域（及其中關係到每個人福祉的重要問題）可以被理解的責任要達到什麼程度才行呢？

我向來欣賞我爸的一點是，他某個程度上算是相當專業、傑出的科學家，他似乎真心喜歡向人解說他的領域。他確實擁有最喜愛酵素中的最喜愛蛋白質序列，但如果你問他什麼是多發性硬化症（multiple sclerosis）——他畢生研究的疾病，他會解釋為一棵樹的樹皮生病了。沒錯：神經細胞看起來像樹，而

多發性硬化症是髓磷脂裡的一組疤痕，是包覆在神經樹幹上的絕緣體。樹皮說明法來自一個至少有七本髓磷脂相關書籍的人。

我們對粒子物理學、人體循環系統或人工智慧能了解多少？我們可以珍惜嘗試邀我們入門、嘗試像手排車一檔二檔粗淺地解釋，而非要求我們發動車子直接打到三檔的人。邀人進入其他領域就像教育，是個寬大和高尚的行為。這種熱誠才有可能聚集許多不同背景的人，克服重大又複雜的疑問。

特色和通用彈珠的本質，使我們變得輕便又有吸收力，也讓我們堅持獨特的核心特色，並用互相交流的網絡連結。就像哲學家克瓦米・安東尼・阿皮亞（Kwame Anthony Appiah）說的：「新思考有發生的空間，但是不在任何人的大腦中。」

亞當・斯密是個藝術家

談了這麼多專業身分，本書的傳奇人物就是經濟學的創始人亞當・斯密。他被貼上經濟學家標籤，但在他發明這個領域之前，他不可能是經濟學家。如此看來他是個藝術家，他發明的領域就是他的 B 點作品。

Adam Smith as an Artist

1776 年亞當・斯密的著作《國富論》打下經濟學的基礎，引進了以自利行動引導市場「看不見的手」的比喻。但在那之前，亞當・斯密是蘇格蘭的道德哲學家。《經濟學人》創刊編輯華特・白芝浩（Walter Bagehot）在題為〈亞當・斯密這個人〉既神奇又晦澀的文章中，形容亞當・斯密是「最沒有商業味道的人之一」。亞當・斯密是個「彆扭的蘇格蘭教授，顯然是書呆子又吸收很多抽象事物。他從未參與任何買賣行業，即使出手可能也賺不到 6 便士。他心不在焉的習慣很神奇。」有一次某人請亞當・斯密簽署文件，他沒有簽自己的名字，而是「精心模仿」簽在上一行的人名。另外一次，愛丁堡魚市場有個攤販形容亞當・斯密即使突兀地盛裝出席，也顯然是瘋子——「把他當成一個逃脫的白痴。」回想亞當・斯密四歲時被吉普賽人綁架然後釋回的事件，亞當・斯密的傳記作者約翰・雷（John Rae）說：「恐怕他沒辦法當個夠格的吉普賽人。」

　　在 A 點世界中，亞當・斯密看起來不像經濟學創始人。他 20 年前寫的書《道德情操論》的主題不是商業，而是「同情心」的重要性——對別人設身處地的想像能力。亞當・斯密主張想像力很重要，同理心是社會的黏著劑。他開始寫《國富論》的時候，用意不是寫經濟學，而是建構人類的歷史進程，這也算是個有野心的計畫。白芝浩寫道：

　　《國富論》 在作者心目中只是許多本書之一，或者該說是他打算寫的一本大書中的一部分……他不只想要追溯人類的進

程，還有個人的進程；他想要顯示每個人如何從出生（依他的想法）時不具任何技能，逐步學會許多重大技能的過程。他想回答一個問題，人類——全體或個體——如何演變到現狀？

亞當‧斯密碰巧在重商主義，以國家規模進行屯積的時代提出了燈塔問題。當時盛行的想法是為了當個富裕國家，你必須把已經擁有的財富留在國內。亞當‧斯密則提出相反的貿易論點，使所有社會都能更富裕。在此過程中，他描述了一門關乎市場的社會科學。因為發明了我們現在置身其中的B點世界，亞當‧斯密可說是個藝術家。經濟學作為一個體系的基礎被發明過一次，也能再度被發明。

現今的大哉問

我們都像亞當‧斯密一樣，可以選擇自己的問題並且針對它們進行對話，隨便我們有多少怪癖或特性。你不必是藝術家，甚至不必是個理想主義者。發明B點是有必要的，因為無論我們做什麼都會成為A點。冒著風險在異常的、失敗的、尚未證明的東西上，都是把下一個日常情境帶入意識中的方式。

人類發展的基礎在於我們創造東西的能力。最廣義而言，我們的藝術是在這世上創造任何可見之物。每個人必須決定我們在自己人生中的藝術家規模。或許是你的家庭、工作或社區。

你可能是產業領袖，或追求更遠大的理想。你可能與別人合作或單打獨鬥。每個人都是藝術家和商人，但每個人也都是廣義上的公民。

這些領域加在一起會回答當今的大哉問——姑且舉幾個例子：環境和學貸債務，大量監禁的本質和現代戰爭的架構，醫療成本高漲問題和制定競選財務改革之謎。

如果我們把大藝術思考框架應用到大學教育，對學習意義的提問，可能想出一整套新的疑問，甚至可能重新定義大學。我們對於大學的非營利狀態為何不能豁免於資本主義的成長假設，譬如想要擴展得更大以便提供更多服務，在大學排名系統內競爭，或許會有不同的理解。我們可檢視最近某些大學的增資計畫，規畫和執行。想像一個教育負擔沉重，擁有極龐大資產的大學倖存下來，不斷擴張直到他們的財務槓桿失敗的世界。大學倒閉變成住宅不動產的概念或許難以理解，但紐約蘇活區變成豪宅不動產和高級購物區的未來，對 1940 年代上班的工廠工人和 1960 到 1970 年代購買閣樓的藝術家們來說，或許感覺同樣難以理解。

我們對線上學習和大學的關係可能有不同的理解，為何某些巨大開放式線上課程（簡稱 MOOC）是實體大學龐大成本結構下的附屬品，而另一些卻屬於讓人嚮往的科技平台新創公司。我們可能看到各大學持續去中心化，成為自由附屬教授的網絡，雖然仍然敵不過傑出和富裕的學校，但他們作為自由工作者，

可能最終轉型成為新創教育公司。白天上班的辦公大樓可以允許他們的會議室成為夜校的預定空間。教育可能成為不動產問題，大學經驗也可能變得像素化，為了填補物質空間與下班時間的空隙。未來只會需要授予文憑的服務——獲知某人學過什麼，用科技輕鬆複製學位代號，以照片或圖表顯示每個學生的技能和知識。

我們可能重新思考人們付費受教育的方式。在累計 1.2 兆美元學貸債務的時代，我們可以看著藝術的介入被轉化成疑問模式。占領華爾街的行動團體「打擊債務」（Strike Debt）在次級市場中買盡超過 400 萬美元的學貸債務並取消債務。奧勒岡大學讓學生選擇當下付清學費，或未來把職涯前 20 年的 3% 收入付給學校，無論學生主修工程或藝術都是同樣的費率。那些方案都是實驗性質和初期階段，但它們暗示了更多的可能性。它們可能是讓 4 分鐘障礙可能被打破的 4 分 1.4 秒紀錄。

深思環境作為當今的大哉問，我們可以用超越省電燈泡和回收的方式考慮集體行動的難題，像社運人士兼作家比爾·麥奇本（Bill McKibben）那樣的提問：如果地球的溫度升高兩度，世界會發生什麼事。科學家們認為如果石油公司繼續開採他們的儲藏，溫度可能會升高超過兩度。但那些儲藏的未來收入已經被算進公司的股價裡了。我們如何評斷全球溫度和公司估價的數據分析，以集體想像力的方式來設法前進？

科技是近代發明的最佳領域，但那些發明同時也引發了許

多現今的大問題。如果可量產化的科技這麼重要，我們如何保護不可量產化事物的生存空間，免得完全失去它們？如果電腦能以演算法進行學習和思考，我們基本上允許用數學機率去訓練電腦。若電腦模型開始延續大多數人的觀點，那些立足於保護少數人利益機制的民主國家，結果會如何？

科技作為媒介，允許以前絕不可能做到的集體行動。如果政客無恥地假裝詢問科技創業者的意見然後伸手向他們要錢，創業者可能把這件事上網公開，許多人看了之後可以捐五塊錢給該政客的競爭對手。相對於資源的集中化，科技可以更容易串聯集體行動。利益分散和集中的問題，可以用科技更無縫地協調許多小型行動者的能力使其得到均衡。同樣地，那些平台可以幫助我們擁有我們作品的一小部分，藉著價格代表市場價值的方式，大致上能使我們越來越接近非貨幣的、完整的價值。

過程中我們不論單獨或一起，終究都是製造者。我們一直都在製造東西。我們製造友誼和生命，錯誤、嘗試和修護，計畫、行事曆和小孩，書籍、卡片、照片和報告，橋樑和活動，論點、努力、經驗和事件等等。還有藝術，和生活。我們都深深涉入價值的創造以及作出貢獻的行為，藉著參與、作品、寬大、天賦，或在不及與超出我們能力限度的計畫中集體努力。你可能得到功績或收到酬勞，你可能知道或不知道自己的行為所造成的影響。我們很少從一片空白開始；我們只是把笨重、現存的世界拉近我們所希望的狀態。

藝術的創意火花放大之後，在資料庫設計者、稅務結構、消防員、教師、警察、櫃員、修車技工、客服人員、圖書館員和砌磚工匠的工作中，懂得用水泥建造階梯的人，可以讓狗聽話靜坐和擺姿勢拍照的人，不怕離開成長環境去新城市就職的人，他們本身都是過程中的作品，尚未完全陷入過往習慣的人。

重新呈現

2015 年 2 月 21 日，曼菲斯原來的 Sears Crosstown 大樓開幕日的 88 年後，新版 Crosstown 大樓舉行了開工典禮。5 年之前藝術家和藝術史學者克里斯多夫・麥納和陶德・理查遜初次抬頭仰望巨大的高樓，猜想他們能夠怎麼改造它。在這段期間，他們在對街設立了一個店面，受到當地慈善家、銀行和官員的支持，組成了龐大的專家團隊——用許多人的雙手和大腦組成達文西式通才。這個團隊逐漸包括建築師、設計師、工程師、民意領袖，甚至有個醫師兼神學家。陶德說，從他那藝術史學者觀點看來，他們的複雜團隊好像當年建造佛羅倫斯大教堂圓頂的那群人。

接近預定日期時，曼菲斯正遭遇一整週的天氣異常。氣溫從溫和降至冰凍。人行道結了好幾層冰，只有麥冬草照常保持翠綠。我從紐約搭機到當地，最後半小時不祥地顛簸著穿過凍雨和能見度零的亂流，降落時機師精準優雅地著地，我差點哭出來。

舉行典禮的那個週六是你會想要留在家裡的日子，但計畫的能量和集體所有權的感受，把大家都引了出來。即將獲得救贖和新生的大樓本身看起來破破爛爛，許多窗戶沒了，外牆像個急需物理治療師的強壯橄欖球員。為了典禮，Crosstown 的臨時辦公室店面後方搭起了兩座工業規模的帳篷，主帳篷擠滿了不分老少的群眾。曼菲斯市民排隊入場時，克里斯站在外面，以愉快的藝術家眼神從巨大的藍紅色高爾夫球傘下掃瞄人群。

　　陶德起身宣布典禮開始，指出他們一開始問的問題——很基本又普遍的「如果這樣不是很酷嗎？」接下來的合作結果就是至今仍算謙虛又慷慨的計畫，每個人都可以參加。計畫中最重要的人之一，支援最初階段的慈善家史塔利・凱茲（Staley Cates），那個週末碰巧遇到女兒大學畢業典禮因而缺席——但群眾都很推崇這套家庭價值觀。

　　克里斯和陶德以類似完整的人生方式起始。用他們自己人生的廣角視野來看，陶德仍在大學工作，克里斯也是現役藝術家。他們找到路走出了草叢，被一個問題引導，進入有許多內在變數和外在夥伴的階段，來到開工這一天。這棟大樓將包括藝術中心和醫療設施、學校資源和住宅。如此一來，它能夠幫忙保護城市的生命力，也是可以吃午餐和聊天的地方。

　　計畫規模大到令人屏息，一方面進行數千次的對話，另一方面翻修使用的石材黏合劑如果一字排開，會長達 360 哩。

克里斯、陶德和所有協力者都站在藝術和產業（休閒和必要）的懸崖邊，有個偉大的點子，但在經濟、組織和個人上都很可能遭遇拖延變數。他們在 2012 年開始把願景帶入財務現實之中，對外聯絡大樓的潛在租戶、政府和金融機構，募集改建所需的錢。Crosstown 從 20 幾個不同的政府和私人資金來源募到了 2 億美元。太陽信託銀行帶領的聯貸團提供了 8000 萬優先債。太陽信託社區資本公司透過聯邦的「新市場稅額扣抵」計畫借了 5600 萬。高盛都市投資集團透過聯邦的「歷史遺跡稅額扣抵」計畫投資了 3500 萬，曼菲斯市政府貢獻了 1500 萬。曼菲斯市長華頓（A. C. Wharton）說：「像這種大型計畫，能順利通行的地方不多；全世界充滿了禁止通行的紅燈。」但他們還是做了。在 5 年期間，計畫從「誇張到民眾願意接電話」階段，進展到破土開工準備實現計畫。

　　他們作品的尊嚴和創造力帶他們來到了暫停和慶祝的一刻。當 Crosstown 大樓空盪堅毅地佇立在雨中，強風拍打的帳篷裡洋溢著合唱團和管樂隊的活力，城區和縣區兩位首長，以及來自各地的民眾談論這個當地的驕傲。

　　大家共同建立的不只是一棟樓，而是一個完整的社區。銀行家和市府，健保廠商和地方大學等夥伴、租戶們，都是群聚效應的共同創造人，並且在某些案例中，也是新近的巧妙創意集資架構中的夥伴藝術家。

　　開工典禮既是結束也是開始，是許多工作的累積，也是新過程

的開始。團隊懷抱著意志和信心、決心和信念、樂觀和堅持的特殊組合心態前進。陶德說：「我們從不喪失有前進之路的希望。我們只需要找到它。」他們的信條是「發出你的光芒，走到你的視野盡頭」，然後繼續前進。

致謝

許多身在信件（創作內容）和信封（市場環境）兩方面的人促成了本書出版——他們都是概念探索的旅伴和慷慨提供寫作空間與時間的人。

首先，我虧欠創作過程中的慷慨試閱者。我肯定還身處草叢階段時，Ethan Kline、Sabrina Moyle 和 Jeff Whitaker 讀過完整初稿。Sabrina 最先提出創意分類法的建議，並對此主題提供了她的長篇筆記。

Michael Joseph Gross 是通過艱苦階段時可靠又明智的嚮導。他教了我很多，他最近的書是談體力問題。容我說，該書的手稿也是他費盡力氣逼出來的。

Veronica Roberts 是真正的同事友人，是絕對的好友，也是我對索爾·勒維特和伊娃·黑塞的知識來源。Heather Nolin 提供了很有幫助的達文西生平和佛羅倫斯貨幣資料。Judith Prowda 分享她的藝術法律專長。不用說，錯誤都是我自己犯的，誤入激烈競爭的藝術史領域是無心的。

其他重要讀者包括 Matt Alsdorf、Marcia Connor、Natasha Degen、Christina Ferando、Stacey Gutman、Lisa Kicielinski、ally Kline、Martha O'Neill、Emily Rubin、David Tze、Jonathan Tze、Evelyn Spence 和 Elaine Whitaker。這份書稿的閱讀場合包括飛往賴比瑞亞的飛機上，喬治亞州南方的週末，隔壁同事辦公隔間裡，喝酒時間中，和藍人樂團表演場外的人行道上。大大感謝所有人。

在本書的信封（市場環境）方面，我非常感激大方地給我空間窩著，利用工作空檔寫書的朋友和家人：Heather Nolin 和 Herbert Allen，Harold Varmus 和 Constance Casey，Beverly Chapin， Rosie 和 Dick Gutman，還有 Darby English。寄宿寫作時讓我感覺像個幸運的外國交換學生，邀我去度假的其他朋

友：Peter Murphy 和 Audrey Thier，Jonathan Cluett， Cornelia Alden，Julie 和 Zoe Carlo，還有 Jennifer Ponce。

與 Harper Collins 公司的團隊配合很愉快也很榮幸：出版界的尤達大師 Hollis Heimbouch 給了我機會寫這本書，並沿路指引我。Stephanie Hitchcock 了解我希望做的事並且大幅改良，規劃出明智和安穩的路線。Colleen Lawrie 提供了思慮周延的初期編輯。我萬分感激 HarperCollins 的許多其他人，包括主編 Cindy Achar 和製作編輯 Nikki Baldauf，奇蹟般地把潛藏材料組成了一本書；Sarah Brody 的封面設計和 William Ruoto 的內頁編排；還有文案編輯 Tom Pitoniak，優雅又老派的語文和格式守護者。特別為了這本談創意過程如何在工作架構內發生的書，我感謝在商業面幫助本書誕生的許多人，包括：Kathy Schneider、Doug Jones、Robin Bilardello、我在 HarperCollins 電梯裡巧遇的業務團隊，和 Len Marshall，她和我的責編為這個計畫扛起了製作人角色。我也很感謝 Sheiva Rezvani 拍攝作者照片時的無窮耐心和幽默感，還有我的經紀人 Pilar Queen 相信這個計畫，並引導本書實現。

開始寫此書時我還是下曼哈頓文化協會的 Workspace 計畫駐村作者，感謝協會和 Melissa Levin、Will Penrose、Sean Carroll、Clare McNulty、Sam Miller、Kay Takeda 和 Workspace 的駐村同伴們，尤其是 Dru Donovan，他建議我試著會見被我寫到的人，因而有了探訪哈波·李的冒險之旅；還有 Tucker

Veimeister、Beth Rosenberg，和他們附屬組織下曼哈頓文化協會的莎拉‧維爾冬寫作獎工作人員。

各種文章的編輯們給了我幫助形塑思考的機會——《Fast Company》雜誌的 Chris Dannen，Art21 的 Kelly Schindler，建築設計雜誌的客座編輯 Samantha Hardingham，和 The Millions 的 C. Max Magee——還有 Chris Garvin 邀我去大學藝術協會的設計和商業小組演講，還有跟我寫《The Social Life of Artistic Property》的共同作者—— Caroline Woolard、Bill Powhida、Michael Mandiberg 和 Pablo Helguera——我在這個團體中初次發展出藝術家所有權的主張。

我很幸運能跟許多人通電話、通信或正式訪談，有些直接出現在書裡，所有人都慷慨地撥出時間：Anton Andrews、Natalie Balthrop、Carmen Bambach、Andreas Bechtolsheim、Neil Blumenthal、Bryan Boyer、Anna Counselman、Matthew Deleget、William Deresiewicz、Anthony Doerr、Carol Dweck、Ed Epping、Louise Florencourt、Thomas Fogarty、Dick Foster、Daniel Gilbert、Dave Girouard、Neil Grabois、Heidi Hackemer、Stephen Hinton、Dane Howard、Hisham Ibrahim、Claire Johnson、Jesse Johnson、Raza Khan、Michael Lewis、李飛飛、Matt Mason、Sue McConnell、Bill McKibben、Christopher Miner、Sean Moss-Pultz、Hugh Musick、Doug Newburg、Alexander von Perfall、Leslie Perlow、Ricardo Prada、Simon

Pyle、Jefferson Rabb、Evan Ratliff、James Reddoch、Mamie Reingold、J. P. Reuer、Todd Richardson、Dan Roam、Will Rosenzweig、Tom Sachs、Peter Scott、Melea Seward、Wesley ter Haar、Matthew Tiews、Jennifer Trainer Thompson、Eileen Tram、Amy Wrzesniewski、Jonathan Zittrrain、Mary Zuber，與似乎阿拉巴馬州門羅維爾全體鎮民，尤其是 Dawn 和 Al Brewton，還有 Chris Ard、Connie Baggett、Steve Billy、Patsy Black、Nathan Carter、Tonja Carter、Robert Champion、Harvey Gaston、Eric Gould、John「Doc」Grider、Robert Malone、Tim McKenzie、Crissy Nettles、K. T. Owens 和 Conrad Watson。

謹此感謝哈波‧李、羅傑‧班尼斯特、湯瑪斯‧佛加提和書中談到人生故事的每個人。別人先前做過的研究也很有幫助，尤其 Neil Bascomb 傑出的羅傑‧班尼斯特、威斯‧桑提和約翰‧藍迪傳記（《完美的一哩》）；Charles Shields 的哈波‧李傳記（《仿聲鳥》）；Steven Levy 關於迪菲的文章（在《Wired》雜誌和專書 Crypto 中），和 Ron Rubin 關於勒波和紐約市馬拉松大賽的書（《就為了一件 T 恤》）。我也要表揚已故的 Donald Keough，他的書《最珍貴的教訓——可樂教父的成敗十誡》很早就啟發了我。

我很幸運身邊有很多慷慨的好人，包括 Sunny Bates、John Maeda 和 Rory Riggs，他介紹我認識了我寫到的一些人和主題。

同樣地，我也深受陌生人的善心感動，包括羅傑・班尼斯特的前鄰居寄了個資料包裹飛越大西洋，還有素昧平生的 Emily Forlund 介紹我認識了 Anthony Doerr，她根本不是他的經紀人。

本書中的事讓我想起許多位老師，幫助我學習如何教書所以也學如何學習：Megan Busse、Ed Epping、James Forcier、Mike Glier、Eva Grudin、Gary Jacobsohn、David Leverett、Michael Lewis、Paul MacAvoy、Ted Marmor、Barry Nalebuff、Sharon Oster、Patricia Phillips、Nathan Shedroff 和 Jessie Shefrin。特別感謝史雷德藝術學校的 Bruce McLean 在一開始鼓勵我教授商業學。

我也從啟發性的同事、學生和研討會參與者學到了不少：Williams College、羅德島設計學校、加州藝術設計策略 MBA 學院、視覺藝術產品設計 MFA 學校、蘇富比藝術學院、LMCC、Creative Capital、MoMA、藝術家資產協會和 Joan Mitchell 基金會。

除了上述每個人，我也要感謝：Julian Abdey、Greg Albers、Marci Alboher、John Alexander、Roshinee Aloysius、Gail Andrews、Carlos 和 Liz Arnaiz、Christine Bader、Agathe de Baillencourt、Emilie Baltz、Lucy Bates-Campbell、Kathy Battista、Alex Beard、Trey Beck、Joanna Berritt、Johanna Blakely、Christa Blatchford、Steve Blood、Sara Bodinson、Mary Liz Brenninkmeyer、Nick Brown、Kristy Bryce、Irene Buchman、Christopher Burwell、Lesley Cadman、Timothy

Cage、Bedford Carpenter、Amy Casher、Grey Cecil、Angelo Chan、Adrian Chitty、Allan Chochinov、Gregory Christianson、Jane Chu、Jonathan Clancy、Alex Clark、Jeanne Classe、Peter Conklin、Elisabeth Conroy、Diane Cook、Abby Covert、Adam Crandall、Mark Crosby、Alex Darby、Chrissy Das、Virginia Davidson、Anna Dempster、Carla Diana、Nico Dios、Judith Dobrzynski、Dru Donovan、Brook Downton、Laura Edwards、Kari Elassal、Chuck Elliot、Erik Fabian、Paulette Fahy、Heather Fain、Morgan Falconer、Maria Figueroa、Eddie Fishman、Allison Fones、Marcus Fox、Renee Freedman、Gail Fricano、Jim Fricano、Adelaide Fuller、Jenny Gersten、Jessica Glaser、Alex Glauber、Adam Glick、Daniel Goldman、Marilyn J. S. Goodman、Erin Granfield、Timothy Gura、Olivia Gutman、Paul Gutman、David Haber、Elizabeth von Habsburg、Mark Hadley、Jonathan Haidt、Roger Hale、Nor Hall、Brad Hargreaves、Debbie Harris、Matt 和 Jessica Harris、Jeanne Heath、Jen Holleran、Jenny Holzer、Jason Huff、Catherine Ingman、Peter 和 Becky Ireland、Darby Jack、Gunnar Jakobsson、Pete Jensen、Anna Jobson、Jesse Johnson、Mary Tyler Johnson、Jorge Just、Julia Kaganskiy、Sara Kay、Gabrielle Kellner、Kibum Kim、Tom Kirk、Katy Kline、Charles Knapp、Erik Koelbel、Lori Kornigay、Molly Kurzius、Joshua Lachter、Beverly Layton、Tim Leberecht、Sandy Lee、Kati London、Bill

Long、Sharon Louden、Steven MacIver、Guy Mallison、Albert、Penny、Lisa、Smith 和 Hugh Mallory、Marko Martinez、Laura McCarthy、Brenna Meade、Marina Mihalakis、Yoko Mikata、Andrew Miller、Corey Modeste、Sally Moir、Scott 和 Porter Montgomery、Marney Morris、Eames Moss-Pultz、Claire Muldoon、Mo Mullen、Wendy Mwandia、Sandy Nairne、Shervone Neckles、Jonathan T. D. Neil、Louise Mai Newberry、Carol Ockman、Kristin Ogdon、Gerry Ohrstrom、Amanda Oleson、Amee Olson、Heidi Olson、Barry O'Neill、Katie Orenstein、Sheff Otis、Geneva Overholser、Jane Panetta、Melissa Pearlman、Stephanie Pereira、Elizabeth Pergam、Veronica Pesantes、Lowell Pettit、Prish Pierce、Ulla Pitha、Daniel Polsby、Katy Polsby、Jan Postma、Alyson Pou、Kaki Read、Towson Remmel、Sarah Richardson、Jayne Riew、Esther Robinson、Jen Rork、Mary Rozell、John Rustum、Duncan Sahner、David Sauvage、Alix Schwartz、Laurence Schwartz、Andie Sehl、Jill Selsman、Nicholas Serota、Dan Sevall、Rebecca Shaykin、Dewey 和 Theresa Sifford、Laura Silver、Ethan Slavin、Sinclair Smith、Tim Smith、Delores Snowden、Demy Spadideas、Frederick Speers、Juliette Spurtus、Michael Bungay Stanier、Alexander Stevenson、Dennis Stevenson、Barbara Strongin、Kirk Davis Swinehart、Carl Tashian、Mandy Tavokol、Kurian Tharakan、Ruthie Thier、Estelle Thompson、Joe Thompson、Corinna Till、

Alex Trickett、Sarah Van Anden、Jen van der Meer、Leonel Velasquez、Rebecca Vollmer、Meg Vosburg、Bobbly Waltzer、Sean Watterson、Alison Weaver、Alicia Weschler Alexi Whitaker、Jack Whitaker、Warren Woodfin、Gary Woodley、Susan Worthman、Gayle Karen Young、Li Jun Xian、Agnes Yen 和 Alex、James、William Abdey。

我特別虧欠 Thomas Fahey、Joseph Tjan、David Anderson、Erica Schlindra、Erin Hassett、Jessica Henry、Samuel Mann、Rosemerie Marion、Rochelle Katz、Andreas San Martin、Christopher Schultz、Joshua Zimm、Robert Muñoz、Jennifer Plascensia、Stephanie Jones 和 Elizabeth Wagner。沒有他們我就無法寫出這本書。

家母 Elaine，美麗又嚴謹的學者；阿姨 Beverly，說故事大師兼我們人生的驅動力；家姊 Stacey，誠心經商的人，和家兄 Jeff，家族裡的原創藝術家——和我們周圍的所有人。

撰寫本書的過程中，有些人救了我的命，也讓我在「值得救」方面更完整。感謝大家。

艾美・惠特克

附錄：劍橋大學的學習領域

11 世紀

    藝術

        文法

        邏輯

        修辭學

        算術

        音樂

        幾何學

        天文學

    神學

    法律

    醫學

18 世紀——狄德羅和達朗伯的《百科全書》

    歷史

        神靈

        基督教會

        文明史、古代史和現代史

        自然史

    哲學

        一般玄學

        神的科學

        人的科學

        自然科學

    詩歌

        世俗

        宗教

21 世紀

藝術和人文學科：
建築和藝術史系，亞洲和中東研究系，古典系，神學系，
英文系，現代與中世紀語言系，音樂系，哲學系，藝術、
社會學和人文學科研究之中心

生物科學，包括獸醫學：
生物化學系，實驗心理學系，遺傳學系，病理學系，藥理
學系，生理學、發展和神經科學系，植物科學系，獸醫學系，
動物學系，惠康基金會/癌症研究英國葛登研究所，
賽恩斯伯里實驗室，惠康基金會幹細胞研究中心，劍橋系統生物中心

臨床醫學：
臨床生化學，臨床神經科學，血液病學，醫療遺傳學，
醫學，婦產科和婦科學，腫瘤學，小兒科，精神科，
公共衛生和基礎醫療，放射科，外科

人文學科和社會學：
考古學和人類學系，經濟學系，教育系，歷史系，法律系，
犯罪學研究所，政治系，心理學、社會學和國際研究，
土地經濟學系，拉丁美洲研究中心，非洲研究中心，
南亞研究中心，發展研究委員會

物理科學：
應用數學和理論物理系，天文學研究所，化學系，地球
科學系，地質學系（包括史考特極地研究所），材料科學
和冶金學系，以薩克牛頓數學研究所，物理系，純數學
和數學統計系

科技：
工程學，化學工程與生物科技，電腦實習，賈吉商學院，
劍橋永續領導力進修課程

讓藝術長出商業的翅膀

如何用大藝術思考在充滿行程、預算限制和上司要求的世界裡擠出創意空間

作者：艾美・惠特克（Amy Whitaker）
譯者；李建興
總監暨總編輯：林馨琴
責任編輯：楊伊琳
特約編輯：王德恩、蔡宜珊
美術編輯：邱方鈺
封面設計：三人制創
行銷企畫：張愛華

發行人：王榮文
出版發行：遠流出版事業股份有限公司
　　　　　地址：臺北市 10084 南昌路二段 81 號 6 樓
　　　　　電話：（02）2392-6899　傳真：（02）2392-6658
　　　　　郵撥：0189456-1
著作權顧問：蕭雄淋律師
2017 年 9 月 1 日　初版一刷
新台幣定價 380 元
ISBN 978-957-32-8052-1

國家圖書館出版品預行編目 (CIP) 資料

讓藝術長出商業的翅膀：如何用大藝術思考在充滿行程、預算
限制和上司要求的世界裡擠出創意空間 / 艾美 . 惠特克 (Amy
Whitaker) 作；李建興譯 . -- 初版 . -- 臺北市：遠流 , 2017.09
　　面；　　公分
譯自：Art thinking : how to carve out creative space in a world of
schedules, budgets, and bosses
ISBN 978-957-32-8052-1(平裝)

1. 商業管理 2. 創造性思考 3. 藝術

494.1　　　　　　　　　　　　　　　　　　106013199